高等学校数字媒体专业系列教材

三维建模经典案例教程

第3版·慕课版

范士喜 编著

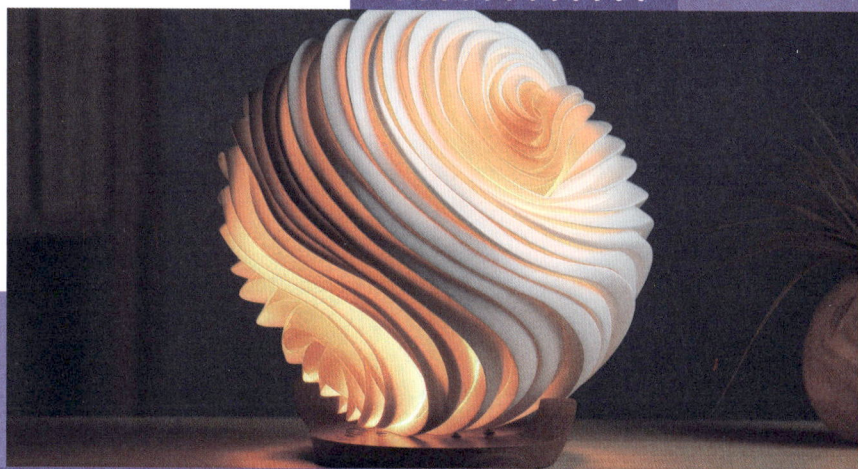

清华大学出版社

北京

内 容 简 介

本书通过经典案例讲授 3ds Max 建模技术、材质和贴图技术、灯光技术、摄影机技术、渲染技术。全书共 12 章，第 1 章介绍 3ds Max 及其基本操作，第 2～6 章介绍各种建模技术，第 7 章介绍材质和贴图技术，第 8 章介绍灯光技术，第 9 章介绍摄影机技术，第 10 章介绍渲染技术，第 11 章和第 12 章为综合实践内容(高级建模和高级贴图)。

本书为慕课版教材，在文泉课堂(www.wqketang.com)平台提供配套慕课，以及全部理论教学视频和上机操作视频，同时配套数字版教材。本书的配套资源包括教程中所有实训和案例的贴图素材、原始文件、完成文件和参考文件，还可为使用该教材的所有教师免费提供教学所需要的 PPT、电子教案、教学大纲和教学日历等参考文件。

本书适合作为高等学校计算机、数字媒体、游戏设计、动画设计及相关专业三维建模的初级、中级教材，也可作为三维建模培训学校和三维建模爱好者的教材或参考书。

图书在版编目(CIP)数据

三维建模经典案例教程：慕课版/范士喜编著. -- 3 版. -- 北京：清华大学出版社，2025.5.
(高等学校数字媒体专业系列教材). -- ISBN 978-7-302-68629-3

Ⅰ. TP391.414

中国国家版本馆 CIP 数据核字第 2025WT4268 号

责任编辑：郭　赛
封面设计：杨玉兰
责任校对：韩天竹
责任印制：丛怀宇

出版发行：清华大学出版社
　　　网　　　址：https://www.tup.com.cn，https://www.wqxuetang.com
　　　地　　　址：北京清华大学学研大厦 A 座　　　　　邮　　编：100084
　　　社 总 机：010-83470000　　　　　　　　　　　邮　　购：010-62786544
　　　投稿与读者服务：010-62776969，c-service@tup.tsinghua.edu.cn
　　　质量反馈：010-62772015，zhiliang@tup.tsinghua.edu.cn
　　　课件下载：https://www.tup.com.cn，010-83470236
印 装 者：三河市君旺印务有限公司
经　　　销：全国新华书店
开　　　本：185mm×260mm　　　印　　张：14.75　　　字　　数：344 千字
版　　　次：2016 年 9 月第 1 版　　2025 年 5 月第 3 版　　印　　次：2025 年 5 月第 1 次印刷
定　　　价：69.90 元

产品编号：106272-01

前言

党的二十大报告提出"实施科教兴国战略，强化现代化建设人才支撑"。深入实施人才强国战略，培养造就大批德才兼备的高素质人才，是国家和民族长远发展的大计。为贯彻落实党的二十大精神，铸牢政治思想之魂，编者在牢牢把握这个原则的基础上编写了本书。

三维建模课程是高等学校最热门、最重要的课程之一。作为最受欢迎的三维建模软件之一，3ds Max被广泛应用于广告设计、影视动画、工业设计、建筑设计、多媒体制作、游戏设计、辅助教学和工程可视化等领域。目前，市面上介绍3ds Max的教材很多，但是，一些教材偏重于理论知识的介绍，案例偏少，学生无法得到充分的练习和强化；一些教材偏重于案例介绍，但缺乏知识点的系统讲授，案例没有代表性，不够经典；一些教材采用黑白印刷，无法完美表现设计过程和效果；一些教材由于图片偏小，图片中的参数无法清晰呈现。本书编者充分考察了当前市面上的同类教材，根据编者多年从事三维建模案例教学的经验，精心编写了这本案例教程。本教材既方便教师教学，又方便学生快速、全面地掌握三维建模的核心技术，是一本学习三维建模的普适教材。

教材内容

全书共12章。内容包括3ds Max及其基本操作，标准基本体、扩展基本体及建筑对象，图形及二维线形修改器，三维对象修改器，复合对象，曲面建模，材质和贴图技术，灯光技术，摄影机技术和环境效果，渲染技术，综合实践（高级建模和高级贴图）。

教材特点

- 知识点讲授与重点、难点实训相结合。
- 系统理论与经典案例相结合。
- 过程截图一目了然，文字描述言简意赅。
- 案例讲解清晰明了，设计效果全彩呈现。
- 300多个知识点提示，突破难点，点石成金。
- 从课堂教学到综合实践，提供全方位的教学指导。
- 为学生提供所有实训和案例的贴图素材、原始文件、完成文件和参考文件，方便学生模拟练习。
- 为教师提供教学所需PPT、电子教案、教学大纲和教学日历等参考文件，方便教师教学。
- 为教师和学生提供全部理论教学视频和上机操作视频，方便教师教学和学生学习。

教材对象

本书适合作为高等学校计算机、数字媒体、游戏设计、动画设计及相关专业三维建模的初、中级教材，也可作为三维建模培训学校和三维建模爱好者的教材或参考书。

前言

配套资源

本书的配套资源包括书中所有课堂实训和教学案例的贴图素材、原始文件、完成文件和参考文件，所有理论教学视频和上机操作视频；还可为使用本教材的所有教师免费提供教学所需要的 PPT、电子教案、教学大纲和教学日历等参考文件。教材配套资源下载地址：https://www.tup.com.cn/，QQ群：146658911。

课时安排（参考）

内　　容	课　　时	
	课内	课外
第 1 章　3ds Max 介绍及基本操作	8 学时	
第 2 章　标准基本体、扩展基本体及建筑对象	4 学时	
第 3 章　图形及二维线形修改器	4 学时	
第 4 章　三维对象修改器	4 学时	
第 5 章　复合对象	4 学时	
第 6 章　曲面建模	8 学时	
第 7 章　材质和贴图技术	16 学时	
第 8 章　灯光技术	8 学时	
第 9 章　摄影机技术、环境和效果	4 学时	
第 10 章　渲染技术	4 学时	
第 11 章　综合实践：高级建模		1 周
第 12 章　综合实践：高级贴图		1 周
合　　计	64 学时	2 周

本书由范士喜编写，感谢程明智、赵志芳、刘华群等教师的大力帮助。

由于作者水平有限，书中难免有错误和不足之处，敬请读者批评指正。

作者电子邮件地址：626189012@qq.com，教材及课程讨论 QQ 群：146658911。

编　者

2025 年 4 月

目录

目录

实训和案例列表

实 训 列 表

案 例 列 表

第 1 章　3ds Max 介绍及基本操作

【教学目标】
- 熟悉 3ds Max 软件的界面。
- 了解使用软件创建项目的工作流程。
- 熟练掌握选择对象、复制对象和对齐对象的各种方法。
- 理解参考坐标系和变换中心的使用。
- 了解位置捕捉和角度捕捉以及冻结、隐藏和孤立对象的方法。

1.1　软件简介

1. 软件界面

打开 3ds Max 软件，其界面主要包括 7 部分，如图 1-1 所示。

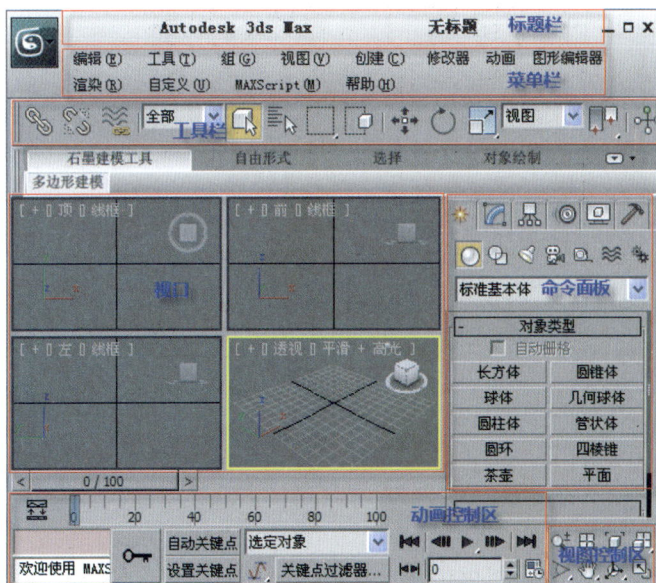

图 1-1　3ds Max 软件界面

（1）标题栏：包含常用的控件，用于管理文件和查找信息。

（2）菜单栏：包括编辑、工具、组、视图、创建、修改器、动画、图形编辑、渲染等菜单。

（3）工具栏：可以快速访问 3ds Max 中常见任务的工具和对话框。

（4）命令面板：包括创建、修改、层次、运动、显示和工具 6 个选项卡。

✿（创建）：包含所有对象的创建工具。

◩（修改）：包含修改器和编辑工具。

品（层次）：包含链接和反向运动学参数。

◉（运动）：包含动画控制器和轨迹。

🖵（显示）：包含对象显示控件。

🔧（工具）：包含其他工具。

（5）视图：默认视图包含顶视图、前视图、左视图和透视视图。可以从不同角度观察和操作视图中的对象。

（6）动画控制区：设置和播放动画。

（7）视图控制区：控制视图的显示和导航。

2. 视图布局

选择"视图"|"视口配置"菜单选项，打开"视口配置"对话框，可以根据需要和习惯选择不同的视图布局，如图 1-2 所示。

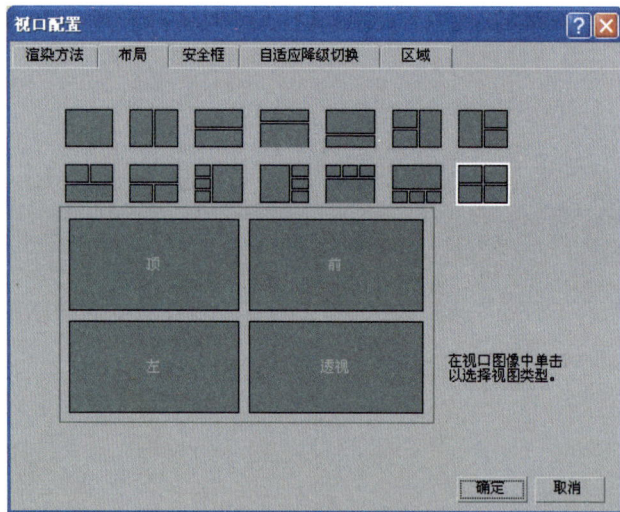

图 1-2 "视口配置"对话框

3. 单位设置

选择"自定义"|"单位设置"菜单选项，打开"单位设置"对话框，如图 1-3 所示。

【提示】"显示单位比例"只影响几何体在视图中的显示方式，"系统单位比例"决定几何体实际的比例。当使用"通用单位"时，几何体的尺寸不显示单位。

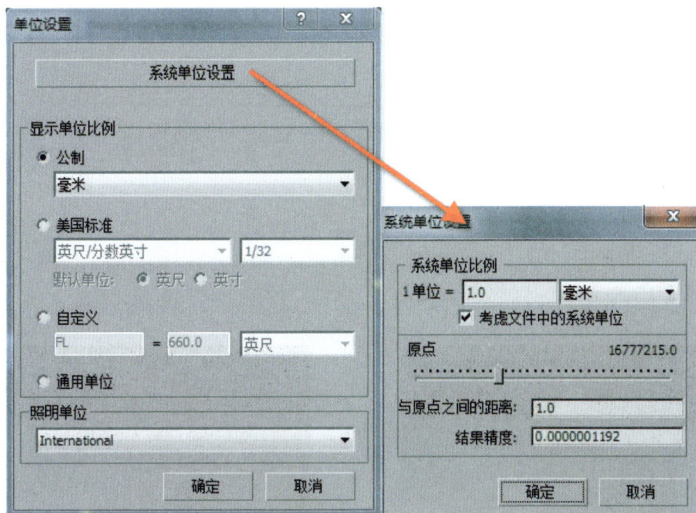

图 1-3　"单位设置"对话框

1.2　项目工作流程

1. 创建模型

创建模型的方法有很多种。可以从不同的 3D 几何基本体开始；可以使用 2D 图形作为创建对象的基础；可以将对象转变成多种可编辑的曲面类型，然后通过工具进一步建模；还可以将修改器应用于对象以更改对象的几何体，如图 1-4 所示。

2. 设计材质和贴图

可以使用"材质编辑器"设计材质，使场景更加具有真实感。材质详细描述对象如何反射或透射灯光。材质属性与灯光属性相辅相成；明暗处理或渲染将两者合并，用于模拟对象在真实世界的情况，如图 1-5 所示。

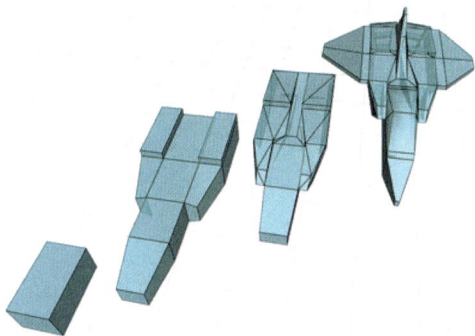

图 1-4　创建模型

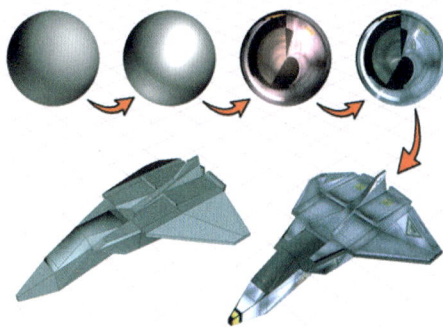

图 1-5　设计材质和贴图

3. 设置灯光和摄影机

可以创建带有各种属性的灯光为场景提供照明。灯光可以投射阴影、投影图像以及为大气照明创建体积效果。

创建的摄影机能如同在真实世界中一样控制镜头长度、视野和运动轨迹(例如平移、推拉和摇移镜头),如图 1-6 所示。

4. 渲染参考图

渲染可以在场景中添加颜色和着色,如图 1-7 所示。3ds Max 中的渲染器包含下列功能:选择性光线跟踪、分析性抗锯齿、运动模糊、体积照明和环境效果等。

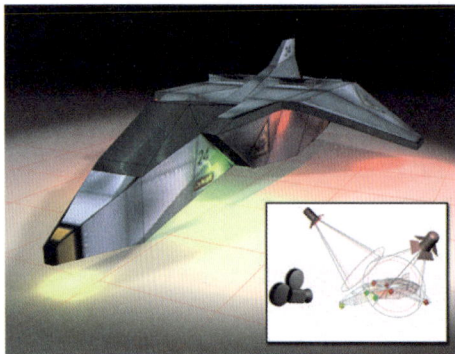

图 1-6 设置灯光和摄影机

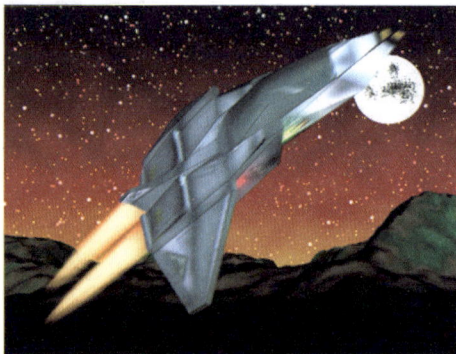

图 1-7 渲染参考图

当使用默认的扫描线渲染器时,光能传递解决方案能在渲染中提供精确的灯光模拟,包括反射灯光所带来的环境照明。当使用 Mental Ray 渲染器时,全局照明会提供类似的效果。

1.3   选择对象

大多数情况下,如果要在对象上执行某个操作,首先需要选中它们。因此,选择操作是建模的基础。选择对象主要包括两类工具:选择并操作工具和选择工具。

1. 选择并操作工具

要在视图中选择单个对象,可单击工具栏上的任意一个选择按钮。

◈(选择对象):选择对象工具。

✛(选择并移动):选择并移动对象工具。

↻(选择并旋转):选择并旋转对象工具。

▣(选择并缩放):选择并缩放对象工具。

✥(选择并操纵):选择并操纵对象工具。

【提示】

(1)要选择所有对象,可选择"编辑"|"全选"菜单;要反选所有对象,可选择"编辑"|"反选"菜单。

(2)要添加选择对象,可按住 Ctrl 键并单击要添加选择的对象;减少选择对象,可

按住 Alt 键并单击要取消选择的对象。

2. 选择工具

在视图中选择对象可采用按区域选择对象、按名称选择对象、使用命名选择集选择对象或者使用选择过滤器选择对象等方法。

1）按区域选择对象

3ds Max 提供了以下区域选择工具。

▭（矩形区域）：拖动鼠标指针以选择矩形区域。

◯（圆形区域）：拖动鼠标指针以选择圆形区域。

◰（围栏区域）：单击并拖动鼠标指针画出一个不规则的选择区域轮廓。

◌（套索区域）：拖动鼠标指针创建一个不规则区域的轮廓。

▦（绘制区域）：在对象上拖动鼠标指针，将其纳入所选范围之内。

借助于区域选择工具，使用鼠标即可框选一个或多个对象，如图 1-8 所示。

【提示】

（1）框选区域后，如果按住 Ctrl 键再单击其他对象，则可将该对象添加到当前选择中。反之，框选区域后，如果按住 Alt 键再单击框选中的对象，则该对象会从当前选择中移除。

（2）框选区域时一般在线框模式下更为方便，还可选择便于框选区域的视图。

2）按名称选择对象

在工具栏上单击 ▤（按名称选择）按钮，打开"从场景选择"对话框，根据名称单击选择对象，再单击"确定"按钮，如图 1-9 所示。

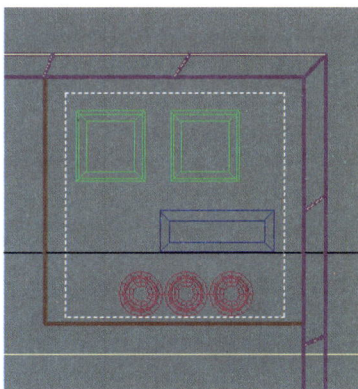

图 1-8　按区域选择对象

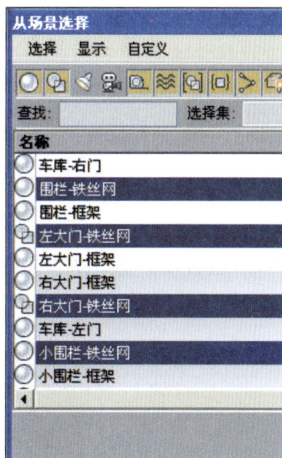

图 1-9　按名称选择对象

【提示】按住 Shift 键并单击可选择连续的对象，按住 Ctrl 键并单击可选择不连续的对象。

3）使用命名选择集选择对象

使用工具栏中的"创建选择集"文本框给选择集命名。可以为当前选择的对象指定名称，随后从列表中选取名称以重新选择这些对象。

例如,可选择吉普002的车身、挡风板和所有车轮并命名选择集为"吉普002",再选取选择集的名称"吉普002",即可选择吉普002的所有结构,如图1-10所示。

4)使用选择过滤器选择对象

使用工具栏中的"选择过滤器"可以特别指定只有某类对象(例如几何体)能够被选择,而其他类别的对象将被禁用,如图1-11所示。

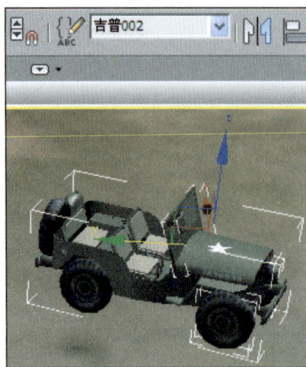

图 1-10　使用命名选择集选择对象　　　　图 1-11　选择过滤器

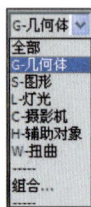

【提示】默认情况下,"选择过滤器"的选项为"全部"。使用"选择过滤器"可以很方便地禁用不需要操作的对象,避免引起误操作。

实训1　选择对象的方法

原始文件	...\场景文件\1\选择对象.max
关键技术	选择对象的方法:按区域选择对象、按名称选择对象、使用命名选择集选择对象、使用选择过滤器选择对象
实训内容	(1) 按区域选择对象:在顶视图使用"按区域选择"工具的同时框选所有油罐、发电机和弹药箱。 (2) 按名称选择对象:使用"按名称选择"工具选择所有铁丝网。 (3) 使用命名选择集选择对象:选择3个油罐、2个发电机和1个弹药箱并命名选择集为"装备",再选取选择集的名称"装备",即可同时选择所有油罐、发电机和弹药箱。 (4) 使用选择过滤器选择对象:使用选择过滤器只选择视图中的灯光对象
参考图	

1.4 参考坐标系

使用参考坐标系列表可以指定变换（移动、旋转和缩放）对象所用的坐标系。

参考坐标系包括"视图""屏幕""世界""父对象""局部""万向""栅格""工作""拾取"坐标系，如图1-12所示。

1. 视图坐标系

在默认的视图坐标系中，所有正交视图中的X、Y和Z轴都相同。X轴始终朝右，Y轴始终朝上，Z轴始终垂直于屏幕指向用户，如图1-13所示。

图1-12 参考坐标系

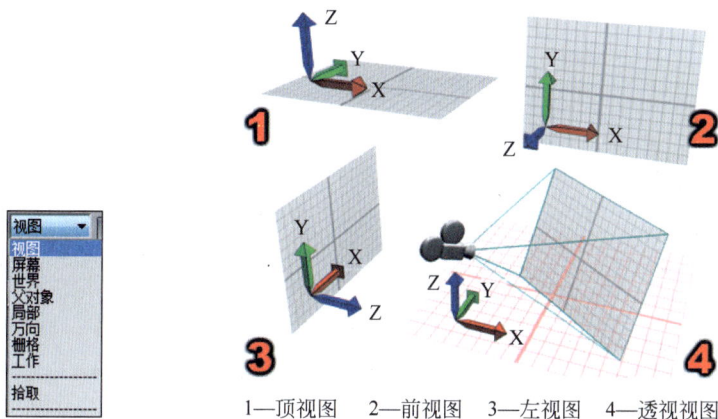

1—顶视图　2—前视图　3—左视图　4—透视视图

图1-13 视图坐标系

2. 屏幕坐标系

将活动视图屏幕作为坐标系。X轴为水平方向，正向朝右；Y轴为垂直方向，正向朝上；Z轴为深度方向，正向指向用户。

3. 世界坐标系

世界坐标系始终固定。X轴正向朝右，Z轴正向朝上，Y轴正向指向背离用户的方向，如图1-14所示。

【提示】世界坐标轴显示关于世界坐标系的视图的当前方向，用户可以在每个视图的左下角找到它。世界坐标系中的X轴为红色，Y轴为绿色，Z轴为蓝色。

4. 父对象坐标系

使用选定对象的父对象的坐标系作为该对象的坐标系。如果对象未链接至特定对象，则其为世界坐标系的子对象，其父坐标系与世界坐标系相同，如图1-15所示。

5. 局部坐标系

局部坐标系使用选定对象自身的坐标系作为坐标系。若选择若干个对象，则每个对象都使用自身的坐标系，如图1-16所示。

6. 拾取坐标系

拾取坐标系使用场景中一个对象的坐标系作为所有对象的坐标系。在参考坐标系

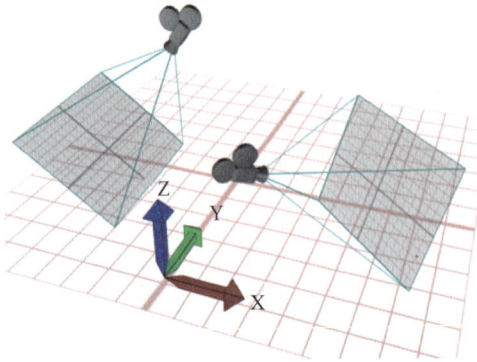

图 1-14　世界坐标系

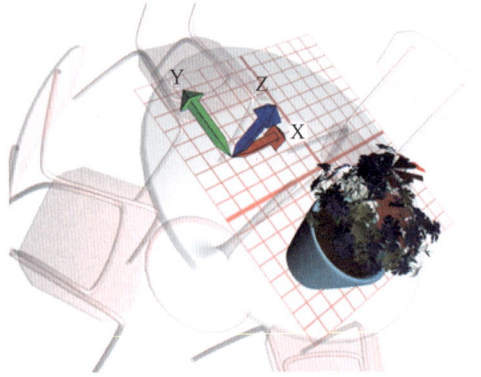

图 1-15　父对象坐标系

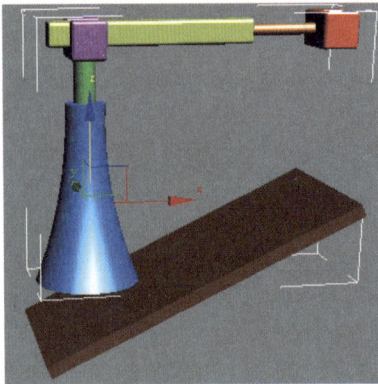

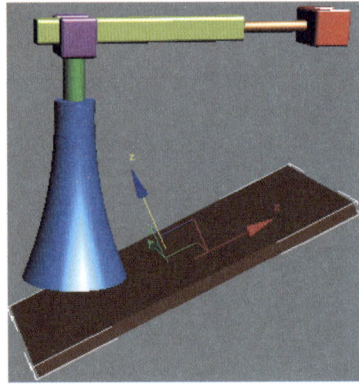

图 1-16　局部坐标系

列表中选择"拾取"选项后，单击要使用该坐标系的对象（例如斜面），该对象的名称便会显示在变换坐标系列表中。

　　例如，使用"斜面"作为"拾取"坐标系后，每个对象都将使用斜面的坐标系，如图 1-17 所示。

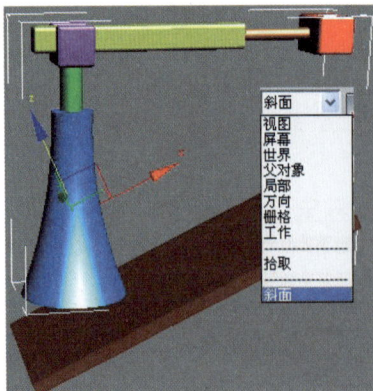

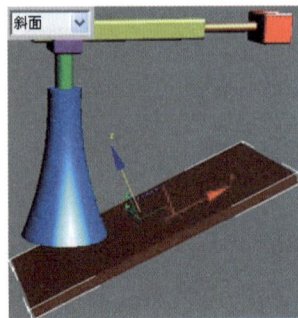

图 1-17　拾取坐标系

实训 2　参考坐标系的选择

原始文件	...\场景文件\1\参考坐标系.max
关键技术	视图坐标系、世界坐标系和拾取坐标系
实训内容	(1) 在视图坐标系下,分别在顶视图、前视图、左视图和透视图中选择机械手观察 X 轴、Y 轴和 Z 轴的方向,理解视图坐标系的特点。 (2) 在世界坐标系下,分别在顶视图、前视图、左视图和透视图中选择机械手观察 X 轴、Y 轴和 Z 轴的方向,理解世界坐标系的特点。 (3) 拾取"斜面"作为拾取坐标系,在斜面坐标系下分别选择斜面和机械手,观察其坐标轴的特点
参考图	

1.5　变换对象

要想更改对象的位置、方向或比例,可使用工具栏上的 3 个变换按钮。

(选择并移动):选择并移动工具。

(选择并旋转):选择并旋转工具。

(选择并缩放):选择并缩放工具。

1. 移动对象

使用 (选择并移动)工具按钮选择并移动对象,如图 1-18 所示。

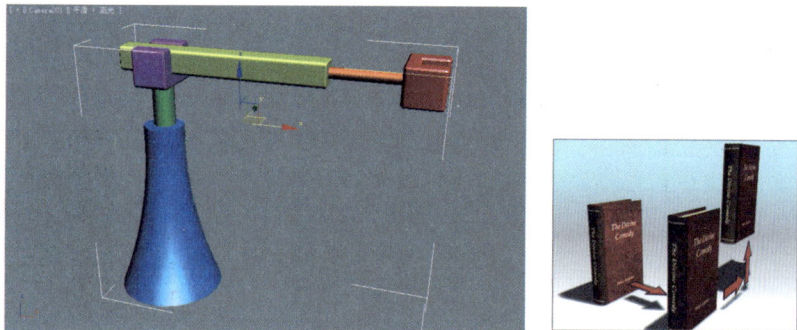

图 1-18　移动对象

【提示】当需要精确移动对象时,可右击 (选择并移动)工具按钮,弹出"移动变换输入"窗口,如图 1-19 所示。可在"绝对:世界"组中输入 X、Y、Z 的值,指定对象移动后的

图 1-19 "移动变换输入"窗口

绝对坐标;或者在"偏移:世界"组中输入 X、Y、Z 的值,指定对象移动的相对值。

2. 旋转对象

使用 (选择并旋转)工具按钮选择并旋转对象,如图 1-20 所示。

【提示】需要精确旋转对象时,可右击 (选择并旋转)工具按钮,弹出"旋转变换输入"窗口,如图 1-21

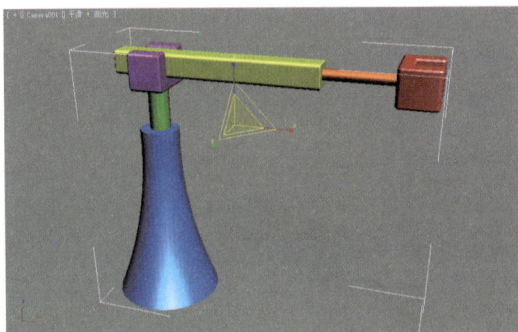

图 1-20 旋转对象

所示。可在"绝对:世界"组中输入 X、Y、Z 的角度,指定对象旋转后的绝对角度;或者在"偏移:世界"组中输入 X、Y、Z 的角度,指定对象旋转的相对角度,如图 1-21 所示。

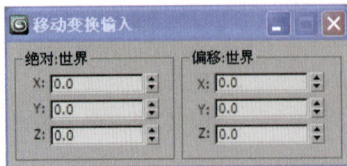

3. 缩放对象

工具栏中的 (选择并缩放)工具按钮提供了更改对象大小的 3 种工具。

 :选择并均匀缩放。

 :选择并非均匀缩放。

 :选择并挤压。

图 1-21 "旋转变换输入"窗口

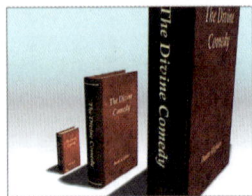

(1)选择并均匀缩放:可以沿 3 个轴以相同量缩放对象,同时保持对象的原始比例,如图 1-22 所示。

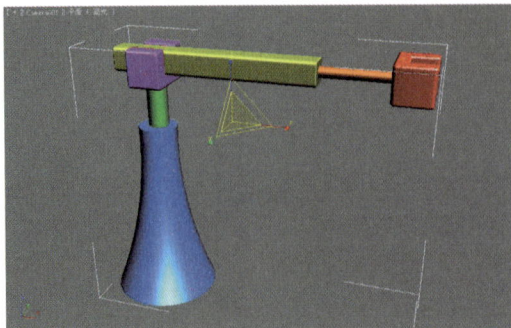

图 1-22 选择并均匀缩放

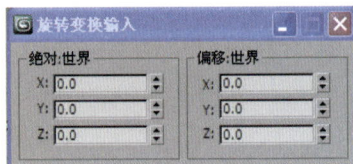

（2）选择并非均匀缩放：可以根据活动轴约束以非均匀的方式缩放对象，如图 1-23 所示。

（3）选择并挤压：可以根据活动轴约束缩放对象。对象在一个轴上按比例缩小，同时在另外两个轴上均匀地按比例增大（反之亦然），如图 1-24 所示。

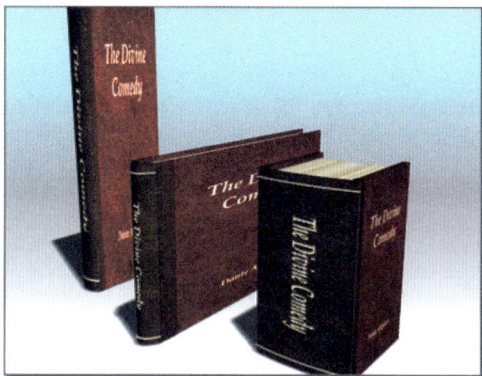

图 1-23　选择并非均匀缩放　　　　图 1-24　选择并挤压

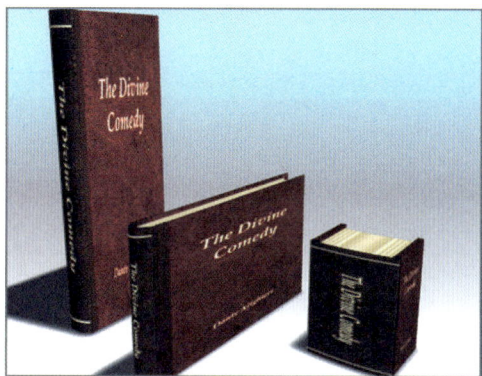

【提示】当需要精确缩放对象时，可右击"选择并缩放"按钮，弹出"缩放变换输入"窗口，如图 1-25 所示。可在"绝对：局部"组中输入 X、Y、Z 的值，指定对象沿不同轴缩放的绝对比例；或者在"偏移：世界"组中输入值，指定对象缩放的相对比例。

图 1-25　"缩放变换输入"窗口

4. 变换 Gizmo

变换 Gizmo 是视图图标，当使用鼠标变换对象时，使用变换 Gizmo 可以快速选择一个或两个轴，通过将鼠标指针放置在图标的任一轴上选择轴，然后即可拖动鼠标指针沿该轴变换对象，如图 1-26 所示。

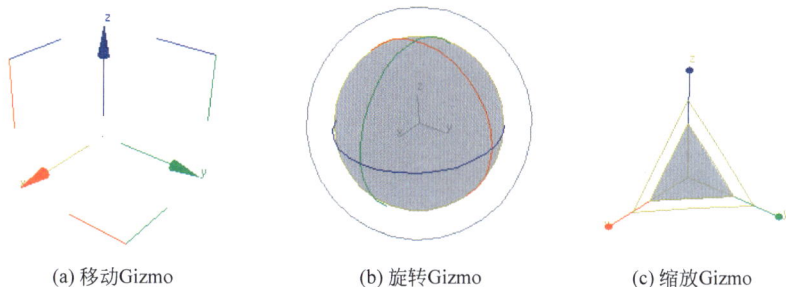

(a) 移动Gizmo　　　(b) 旋转Gizmo　　　(c) 缩放Gizmo

图 1-26　变换 Gizmo

实训 3　变换对象操作

原始文件	...\场景文件\1\变换对象.max
关键技术	移动、旋转和缩放操作

11

续表

实训内容	（1）移动操作：使用移动工具分别沿 X 轴、Y 轴和 Z 轴方向移动机械手。 （2）旋转操作：使用旋转工具分别沿不同方向旋转机械手。 （3）缩放操作：分别使用选择并均匀缩放、选择并非均匀缩放和选择并挤压工具缩放机械手
参考图	

【提示】视图快捷操作方法如下。

- 视图移动：按住鼠标滚轮并移动鼠标打针。
- 视图旋转：按住 Alt 键的同时按住鼠标滚轮并移动鼠标指针。
- 视图缩放：按住鼠标滚轮并前后滚动鼠标滚轮。

变换对象操作将改变对象的位置、方向和大小。视图操作并不改变对象的位置、方向和大小，只改变其显示的位置、方向和大小。

1.6　变换中心

变换中心能影响缩放和旋转变换，但不能影响位置变换。当更改变换中心时，三轴架图标的交点会移动到指定位置。有以下 3 种变换中心工具。

- ：使用轴点中心。
- ：使用选择中心。
- ：使用变换坐标中心。

【提示】三轴架图标由标记为 X、Y 和 Z 的三条线组成。三轴架的方向显示坐标系的方向，三条轴线的交点位置指示变换中心的位置，高亮显示的红色轴线指示约束变换操作的一个或多个轴。

1. 使用轴点中心

（使用轴点中心）工具按钮可以围绕其各自的轴点旋转或缩放一个或多个对象，如图 1-27 所示。

2. 使用选择中心

（使用选择中心）工具按钮可以围绕共同的几何中心旋转或缩放一个或多个对象。如果变换多个对象，则将所有对象的平均几何中心作为变换中心。三轴架显示当前使用的中心，如图 1-28 所示。

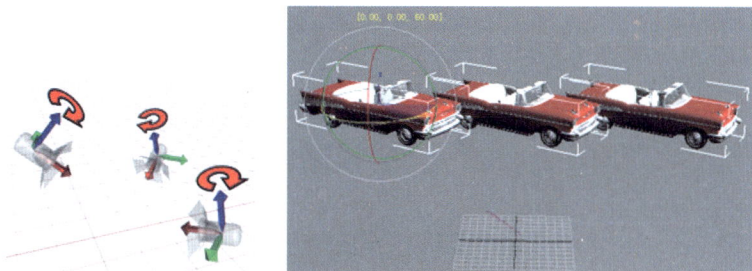

图 1-27　使用轴点中心变换

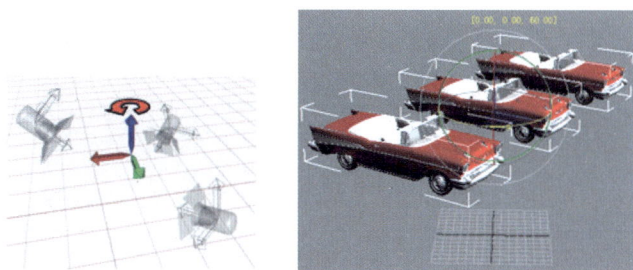

图 1-28　使用选择中心变换

　　【提示】默认情况下,对于单个对象,将变换中心设置为使用轴点中心;当选择多个对象时,默认变换中心会更改为使用选择中心。

3. 使用变换坐标中心

　　（使用变换坐标中心）工具按钮可以围绕当前坐标系的中心旋转或缩放一个或多个对象,如图 1-29 所示。

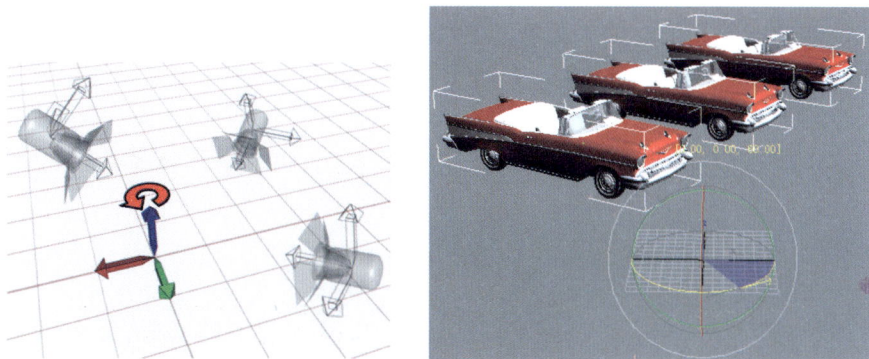

图 1-29　使用变换坐标中心变换

实训4　变换中心的使用

原始文件	...\场景文件\1\变换中心.max
关键技术	3 种变换中心：使用轴点中心、使用选择中心、使用变换坐标中心

实训内容	全选所有跑车,分别选择以下 3 种变换中心,同时旋转所有跑车,熟悉 3 种变换中心的特点和区别。 (1) 使用轴点中心。 (2) 使用选择中心。 (3) 使用变换坐标中心
参考图	

1.7 复制对象

3ds Max 提供了几种复制对象的方法,包括克隆、镜像、阵列和间隔工具等。

1.7.1 克隆

选择"编辑"菜单上的"克隆"选项或者右键快捷菜单中的"克隆"选项可以创建选择对象的单个副本。

1. 快速克隆

最快捷的克隆方法是选择对象后使用下列组合方法,可以快速克隆出多个对象。

Shift 键+✛:选择并移动。

Shift 键+↻:选择并旋转。

Shift 键+◪:选择并缩放。

【提示】一般来说,使用 Shift 键+↻(选择并旋转)克隆对象之前,首先要确定对象的轴的位置。因为旋转并克隆对象时,克隆出的对象的位置与原对象的轴心位置有关。选择场景中的对象,单击▦(层)选项卡,再单击"仅影响轴"按钮,可调整对象轴的位置,如图 1-30 所示。完成调整后,一定要再次单击取消"仅影响轴"按钮。

2. 克隆选项

使用 3 种克隆方法都将显示"克隆选项"对话框。其中"对象"组有 3 个单选按钮,如图 1-31 所示。

(1) 复制:创建一个与原始对象完全无关的克隆对象。当修改一个对象时,不会对另外一个对象产生影响。

图 1-30　调整对象轴

（2）实例：创建原始对象的可交互克隆对象。修改实例对象与修改原始对象的参数效果相同,两个对象的参数都会改变。

（3）参考：创建与原始对象有关的克隆对象。当原始对象的参数改变时,会影响克隆的参考对象的相关参数,但当克隆的参考对象的参数改变时,不影响原始对象的相关参数。

根据创建克隆对象时使用的方法,克隆对象称为副本、实例或者参考。

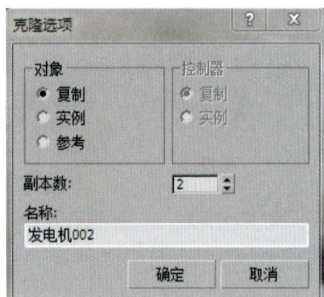

图 1-31　"克隆选项"对话框

【提示】当通过"实例"克隆对象时,原始对象和克隆对象之间并不是所有的变化(例如,使用选择并缩放工具使对象的大小产生的变化)都会相互影响。一般来说,只有参数的改变会相互影响。

实训 5　克隆复制

原始文件	...\场景文件\1\克隆.max
完成文件	...\场景文件\1\克隆(完成).max
关键技术	复制克隆、实例克隆和参考克隆
实训内容	（1）使用 Shift 键＋[+]（选择并移动）工具分别复制克隆 2 个油罐、1 个发电机、2 个营房。 （2）使用 Shift 键＋[⟳]（选择并旋转）工具实例克隆 2 辆吉普车。 （3）使用 Shift 键＋[▣]（选择并缩放）工具参考克隆 1 个油桶
参考图	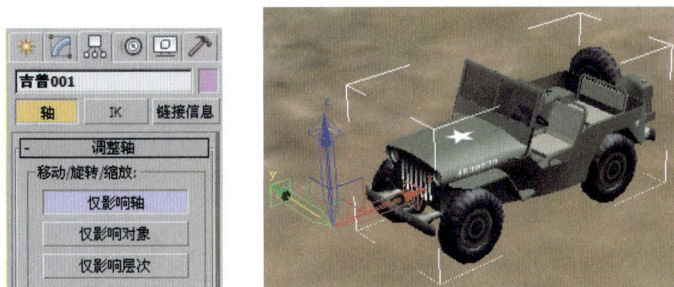

1.7.2 镜像

使用 ▷◁(镜像)工具可创建选定对象的镜像,如图 1-32 所示。

使用"镜像"工具时会弹出"镜像:世界 坐标"对话框,如图 1-33 所示。

图 1-32 镜像

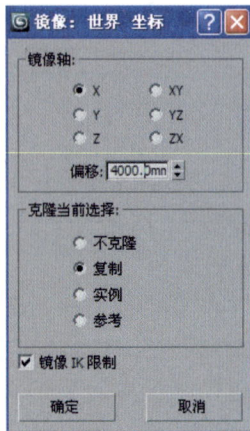

图 1-33 "镜像:世界 坐标"对话框

"镜像轴"组:镜像轴 X、Y、Z、XY、YZ 和 ZX 指定镜像的方向。

偏移:指定镜像对象轴点与原始对象轴点之间的距离。

"克隆当前选择"组:确定创建副本的类型。默认设置为"不克隆"。

实训 6 镜像复制

原始文件	...\场景文件\1\镜像.max
完成文件	...\场景文件\1\镜像(完成).max
参考文件	...\场景文件\1\镜像(参考).max
关键技术	镜像
实训内容	(1) 在透视图中选择"石狮子",在工具栏中单击 ▷◁(镜像)工具。 (2) 在弹出的"镜像:世界 坐标"对话框中的"镜像轴"组下选择 X 轴,在"偏移"右侧的文本框中输入 4000;在"克隆当前选择"组中选择"复制"选项。单击"确定"按钮完成镜像操作
参考图	

1.7.3 阵列

阵列专门用于在三维空间通过3种变换(移动、旋转和缩放)克隆对象。使用阵列可以获得使用 Shift+克隆工具无法获得的效果。

在"附加"工具栏上单击 ❖(阵列),或选择"工具"|"阵列"菜单选项,会显示"阵列"对话框,如图1-34所示。

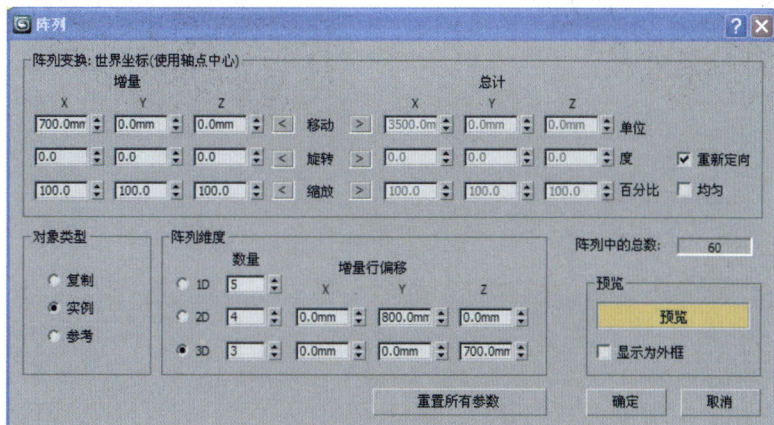

图1-34 "阵列"对话框

"阵列"对话框提供了两个重要参数:阵列变换和阵列维度。

1. 阵列变换

阵列变换列出了变换坐标系(例如世界坐标)和变换中心(例如使用轴点中心)。

单击"移动""旋转""缩放"按钮左侧或者右侧的箭头,可以在"增量"或"总计"之间切换选择。

【提示】一般来说,当克隆对象和源对象之间的增量值容易确定时,可选择"增量";当克隆对象和源对象之间的总计容易确定时,可选择"总计"。

2. 阵列维度

使用阵列维度可以确定阵列中使用的维数和维数之间的间隔。

1)数量

设置每一维对象的数量。

1D:一维阵列可以形成3D空间中的一行对象。1D计数是一行中的对象数,对象的间隔在"阵列变换"区域中定义,如图1-35所示。

2D:二维阵列可以按照二维方式形成对象的层。2D计数是阵列中的行数,如图1-36所示。

图1-35 1D计数为5的一维阵列

17

　　3D：三维阵列可以在3D空间中形成多层对象。3D计数是阵列中的层数,如图1-37所示。

图1-36　1D计数为5、2D计数为4的二维阵列

图1-37　1D计数为5、2D计数为4、3D计数为3的三维阵列

　　2) 增量行偏移

　　在设置2D或3D阵列时,"增量行偏移"参数才可用。该参数是当前坐标系中任意3个轴方向的距离。

　　【提示】如果对2D或3D阵列设置"数量"值,但未设置"增量行偏移"值,创建的阵列对象将重叠在一起。因此,必须至少指定一个偏移距离,使阵列对象不重叠。

实训7　阵列复制

原始文件	...\场景文件\1\阵列.max
完成文件	...\场景文件\1\阵列(完成).max
关键技术	阵列工具
实训内容	使用阵列工具创建一个5行4列3层的木箱阵列。"阵列"对话框的设置如图1-34所示。 (1) 1D计数为5,"增量"中的X为700mm。 (2) 2D计数为4,"增量行偏移"中的Y为800mm。 (3) 3D计数为3,"增量行偏移"中的Z为700mm
参考图	

1.7.4　间隔工具

使用"间隔工具"可以使当前选择的对象沿样条线或一对点定义的路径分布。通过拾取样条线或两个点并设置相关参数，既可以定义路径，也可以指定对象之间的间隔方式，以及对象的轴点是否与样条线的切线对齐，如图1-38所示。

选择要分布的对象，在"附加"工具栏上单击 ⋮⋮⋮（间隔工具），或选择"工具"|"对齐"|"间隔工具"菜单选项，会显示"间隔工具"窗口，如图1-39所示。

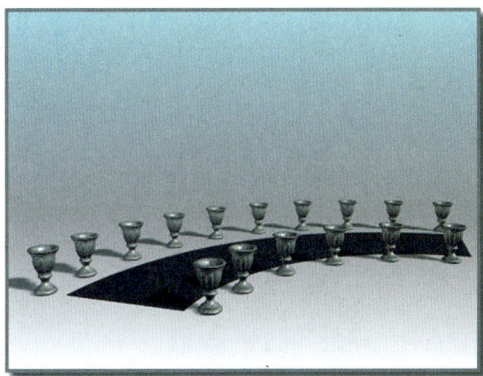

图 1-38　使用"间隔工具"沿着弯曲的街道两侧分布花瓶　　　图 1-39　"间隔工具"窗口

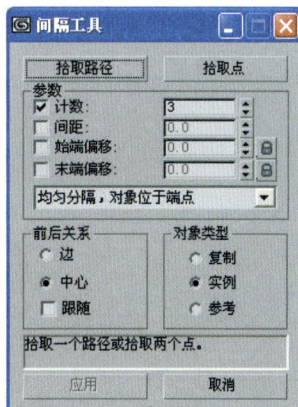

1. 拾取
- 拾取路径：单击该按钮，然后单击视图中的样条线，将样条线用作分布对象的路径。
- 拾取点：单击该按钮，然后单击起点和终点，创建作为分布对象路径的样条线。

2. "参数"组
- 计数：要分布的对象的数量。
- 间距：指定对象之间的间距。
- 始端偏移：指定距路径始端偏移的单位数量。
- 末端偏移：指定距路径末端偏移的单位数量。
- 间隔方式下拉列表：沿路径分布对象的方式。

3. "前后关系"组
- 边：指定通过各对象边界框的相对边确定间隔。
- 中心：指定通过各对象边界框的中心确定间隔。
- 跟随：将分布对象的轴点与样条线的切线对齐。

4. "对象类型"组
在此确定由间隔工具创建的副本的类型。

实训 8　间隔工具复制

原始文件	...\场景文件\1\间隔工具.max
完成文件	...\场景文件\1\间隔工具(完成).max
关键技术	间隔工具
实训内容	使用间隔工具沿场地周围植树。 (1) 选择场景中的"棕榈树",选择"工具"|"对齐"|"间隔工具"菜单选项,弹出"间隔工具"对话框。 (2) 单击"拾取路径"按钮,在视图中拾取已创建的路径。 (3) 勾选"计数"复选框,将其值设置为24,其他选项使用默认设置
参考图	

1.8　对齐对象

1. 对齐的种类

主工具栏中包含 6 种对齐工具,使用得最多的是 ▣(对齐)工具。

▣(对齐):将当前选择对象与目标选择对象按照"最小""中心""轴点"或者"最大"选项对齐。

▣(快速对齐):将当前选择对象与目标选择对象直接按照"轴点"快速对齐。

▣(法线对齐):基于选择的法线方向将两个对象对齐。

▣(放置高光):将灯光或对象对齐到另一对象,以便精确定位其高光或反射。

▣(对齐摄影机):将摄影机与选定的面的法线对齐。

▣(对齐到视图):将对象或子对象选择的局部轴与当前视图对齐。

2. "对齐"对话框

选择"当前对象"后,单击"对齐"工具,再单击"目标对象"会弹出"对齐当前选择"对话框,如图 1-40 所示。

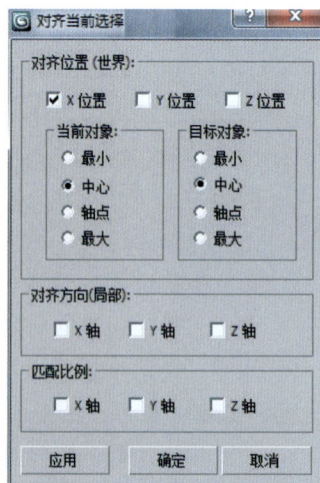

图 1-40　"对齐当前选择"对话框

1)"对齐位置"组

X/Y/Z位置：指定要在其上执行对齐的一个或多个轴。

2)"当前对象"和"目标对象"单选按钮组

- 最小：将具有最小 X、Y 和 Z 值的对象边界框上的点与其他对象上选定的点对齐。
- 中心：将对象边界框的中心与其他对象上的选定点对齐。
- 轴点：将对象的轴点与其他对象上的选定点对齐。
- 最大：将具有最大 X、Y 和 Z 值的对象边界框上的点与其他对象上选定的点对齐。

实训 9　对齐操作

原始文件	...\场景文件\1\对齐.max
完成文件	...\场景文件\1\对齐(完成).max
关键技术	对齐工具
实训内容	场景中"窗户"未居中，"椅子01"未接触地面。使用对齐工具整理室内家具。 (1) 选择场景中的"窗户"，单击对齐工具，再单击"木桌"，弹出"对齐当前选择(木桌)"对话框。 (2) 勾选"X位置"复选框，"当前对象"和"目标对象"组都选择"中心"，此时窗户和木桌在X位置，两个对象中心对齐。 (3) 选择场景中的"椅子01"，单击对齐工具，再单击"地板"，弹出"对齐当前选择(地板)"对话框。 (4) 勾选"Z位置"复选框；"当前对象"选择"最小"，"目标对象"任意选择。此时"椅子01"和"地板"在Z位置，"椅子01"对象的最小Z值边界框与"地板"的中心对齐
参考图	

1.9　位置捕捉和角度捕捉

捕捉有助于在创建或变换对象时精确地控制对象的尺寸和位置。

1. 位置捕捉

如图 1-41 所示，位置捕捉的方式有以下 3 种。

(1) 2D 捕捉：光标仅捕捉活动构造栅格，包括该栅格平面上的任意几何体，忽略 Z

轴或垂直尺寸。

（2）2.5D捕捉：光标仅捕捉活动栅格上对象投影的顶点或边缘。

（3）3D捕捉：光标直接捕捉3D空间中的任意几何体。3D捕捉用于创建和移动所有尺寸的几何体，不考虑构造平面。

图1-41　位置捕捉

右击这3个按钮可显示"栅格和捕捉设置"对话框，可以更改捕捉类别和设置其他选项。可使用"捕捉"选项卡上的复选框启用捕捉设置的任何组合，如图1-42所示。

2. 角度捕捉

（角度捕捉）工具可以在进行对象变换时按照事先设定好的角度的整数倍产生变化，从而更好地控制角度的变化。

右击角度捕捉工具，弹出"栅格和捕捉设置"窗口，在"选项"选项卡中可设置"角度"值，如图1-43所示。

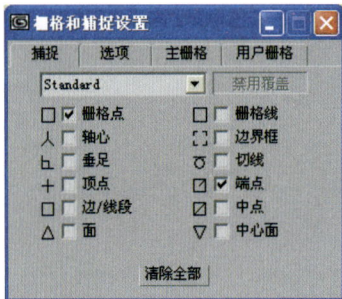

图1-42　位置捕捉设置

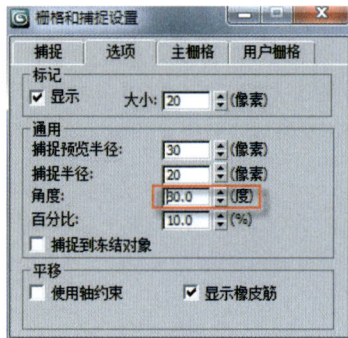

图1-43　角度捕捉设置

实训10　角度捕捉的使用

原始文件	...\场景文件\1\角度捕捉.max
完成文件	...\场景文件\1\角度捕捉（完成）.max
关键技术	角度捕捉工具、选择并旋转工具、层
实训内容	场景中"手表"的刻度尚未完成，下面通过（角度捕捉）工具、Shift键＋（选择并旋转）工具快速复制完成12个"小时"的刻度副本。 （1）选择场景中的"刻度"对象，单击（层）选项卡，再单击"仅影响轴"按钮，使用（选择并移动）工具将刻度的轴心沿Y轴调到表盘的中心位置。再次单击取消"仅影响轴"按钮。 （2）右击（角度捕捉）工具，弹出"栅格和捕捉设置"对话框，在"选项"选项卡中设置"角度"值为30。单击（角度捕捉）工具启用角度捕捉。 （3）选择场景中的"刻度"对象，按住Shift键，单击（选择并旋转）工具，同时将刻度旋转30°，在弹出的"克隆选项"对话框中设置"副本数"为11

| 参考图 | |

1.10　冻结、隐藏和孤立对象

在视图中选择对象并右击,弹出快捷菜单,其中包含"冻结当前选择""隐藏选定对象"和"孤立当前选择"选项,如图 1-44 所示。

1. 冻结对象

使用"冻结当前选择"选项可以冻结场景中选择的对象,冻结对象会变成深灰色。这些对象仍保持可见,但无法选择,因此不能直接进行变换或修改,如图 1-45 所示,"窗户"对象被冻结。

冻结功能可以防止对象被意外编辑。

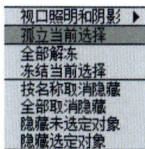

图 1-44　冻结、隐藏和孤立对象

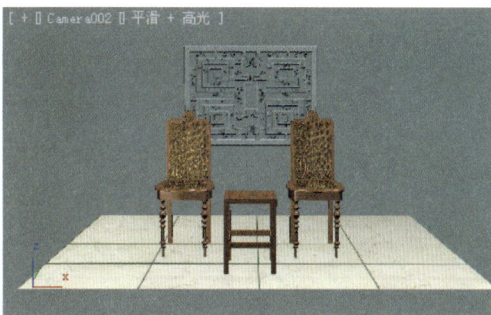

图 1-45　冻结"窗户"对象

2. 隐藏对象

使用"隐藏选定对象"选项可以隐藏场景中选择的对象。这些对象将从视图中消失,方便选择其余对象。如图 1-46 所示,可以将"木椅 01"对象隐藏。

3. 孤立对象

"孤立当前选择"选项用于孤立显示选择对象,可防止在处理选定对象时受到其他对象的影响。

当孤立工具处于活动状态时,会显示"警告:已孤立的当前选择"对话框,如图 1-47

所示。可单击"退出孤立模式"按钮关闭该对话框,视图会还原到之前的状态。

图 1-46　隐藏"木椅 01"对象

图 1-47　孤立"木桌"对象

实训 11　冻结、隐藏和孤立对象操作

原始文件	...\场景文件\1\冻结、隐藏和孤立对象.max
关键技术	冻结、隐藏和孤立对象
实训内容	(1) 选择场景中的"窗户"并右击,弹出快捷菜单,选择"冻结当前选择"命令。观察窗户颜色的变化。单击"选择并移动"工具,尝试移动"窗户"的位置,确定冻结对象是否被禁用。 (2) 选择场景中的"椅子 01"并右击,弹出快捷菜单,选择"隐藏当前选择"命令。观察场景中的"椅子 01"是否还显示。 (3) 选择场景中的"木桌"并右击,弹出快捷菜单,选择"孤立当前选择"命令。观察场景中显示对象的变化。单击"警告:已孤立的当前选择"对话框中的"退出孤立模式"按钮,关闭该对话框,还原视图显示状态
参考图	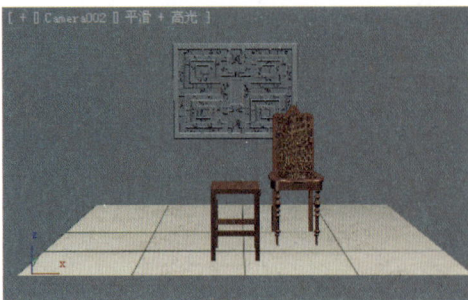

1.11　文件保存和文件合并

1. 文件保存

3ds Max 文件的扩展名为 max。

3ds Max 软件对低版本软件兼容。但是要想使用低版本软件打开高版本软件创建的文件,必须事先使用高版本的 3ds Max 软件将创建的文件另存为低版本的 3ds Max 软件的格式,如图 1-48 所示。

图 1-48　另存为低版本软件的格式

2. 文件合并

可以将不同场景中创建的对象导入合并到一个场景中,这样可以提高创建场景的效率。

实训 12　文件合并操作

原始文件	...\场景文件\1\文件合并\房间.max...\场景文件\1\文件合并\书架.max
完成文件	...\场景文件\1\文件合并\文件合并(完成).max
关键技术	导入合并、选择并移动工具和选择并均匀缩放工具
完成图	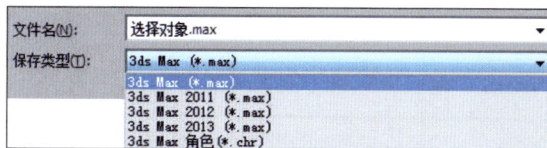

【操作步骤】

(1)打开教材配套资源文件"房间.max",如图 1-49 所示。

(2)选择 ⚙ |"导入"|"合并"菜单选项,在弹出的"合并文件"对话框中选择文件"书架.max",如图 1-50 所示。

(3)在弹出的"合并-书架.max"对话框中选择"书架"对象,如图 1-51 所示。

(4)在场景中选择导入的对象"书架",使用 ✛ (选择并移动)工具调节其位置,使用 🔳(选择并均匀缩放)工具调节其大小,如图 1-52 所示。

图 1-49　房间场景

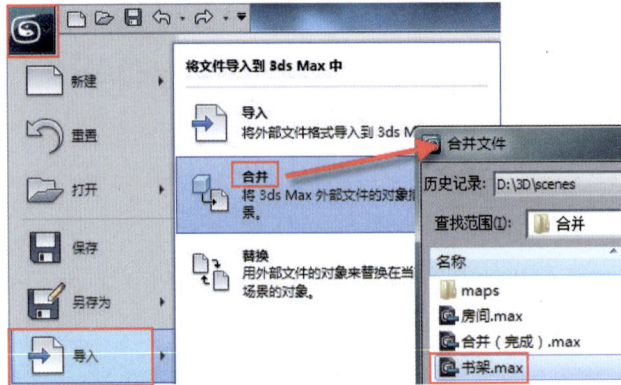

图 1-50　导入合并

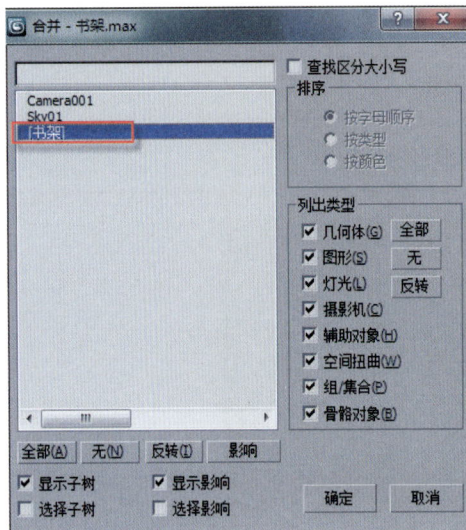

图 1-51　选择导入对象

图 1-52　调节对象的位置和大小

思考与练习

（1）选择对象的方法有哪些？每种方法在什么情况下使用起来最方便？

（2）参考坐标系有哪些？分别在什么情况下使用？

（3）"克隆"选项中的"复制""实例""参考"有何区别？

（4）通过阵列工具复制对象时，设置"增量"和"总计"有何区别？它们分别在什么情况下使用？

（5）"层"选项卡下的"仅影响轴"按钮有何作用？

（6）冻结、隐藏和孤立对象有何区别？它们分别在什么情况下使用？

第 2 章　标准基本体、扩展基本体及建筑对象

【教学目标】
- 熟练掌握使用标准基本体创建模型并修改参数的方法。
- 熟悉使用扩展基本体创建模型并修改参数的方法。
- 了解使用建筑对象创建模型的方法。

2.1　标准基本体

3ds Max 中的标准基本体包含 10 种类型：长方体、圆锥体、球体、几何球体、圆柱体、管状体、圆环、四棱锥、茶壶和平面，如图 2-1 所示。

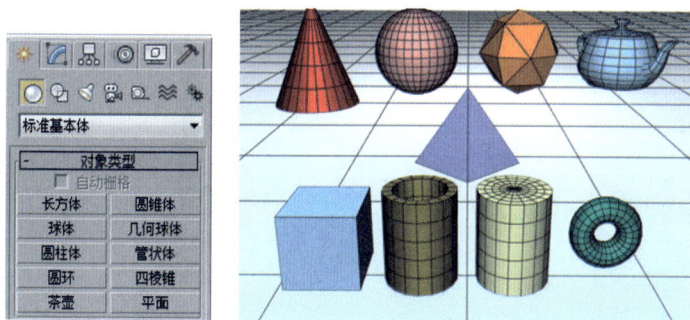

图 2-1　标准基本体

1. 长方体

长方体是最简单的标准基本体。使用长方体可以创建简单的模型，如图 2-2 所示。

1）长方体的创建

单击 ❋（创建）面板 | ◯（几何体）| "标准基本体" | "对象类型"卷展栏 | "长方体"按钮。在任意视图中拖动鼠标设置长度和宽度，上下移动鼠标定义高度，单击即可完成高度设置，创建长方体。

2）自动栅格

创建基本体时，如果勾选"自动栅格"复选框，则基于单击的面创建新对象，如图 2-3 所示。单击

图 2-2　长方体基本体

下面对象的顶部斜面,可在该斜面上定位,然后开始创建上面的对象。

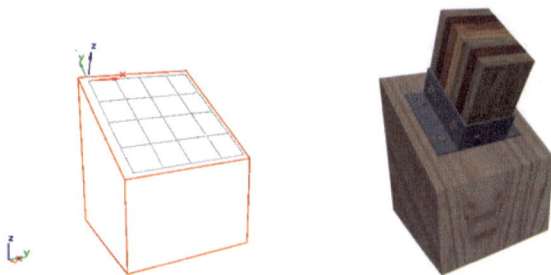

图 2-3 "自动栅格"定位创建对象的构造平面

3)长方体的修改

单击 (修改)面板可修改长方体的参数。长方体的"参数"卷展栏如图 2-4 所示。

(1)"长度""宽度""高度":修改长方体对象的长度、宽度和高度。

(2)"长度分段""宽度分段""高度分段":设置沿着对象每个轴的分段数量,默认设置为1、1、1。

【提示】分段值的设定与对象的编辑有关,现在可以暂时采用默认值。

2. 圆锥体

使用"创建"面板上的"圆锥体"按钮可以创建直立或倒立的圆锥体,如图 2-5 所示。

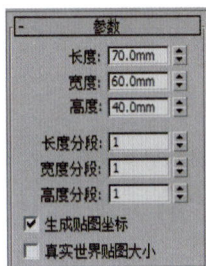

图 2-4 长方体参数

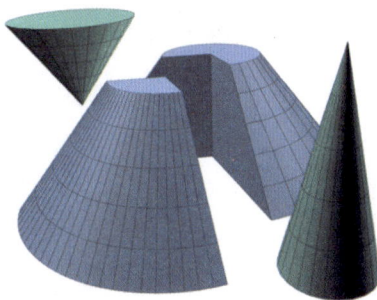

图 2-5 圆锥体及参数

3. 球体

单击"球体"按钮可生成完整的球体、半球体或球体的其他部分,还可围绕球体的垂直轴对其进行"切片",如图 2-6 所示。

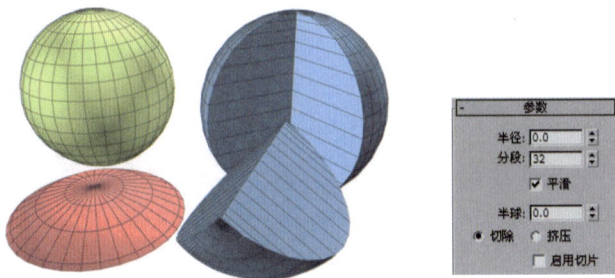

图 2-6 球体及参数

4. 几何球体

与标准球体相比，几何球体能够生成更规则的曲面。与标准球体不同，几何球体没有极点，这对于应用某些修改器非常实用，如图 2-7 所示。

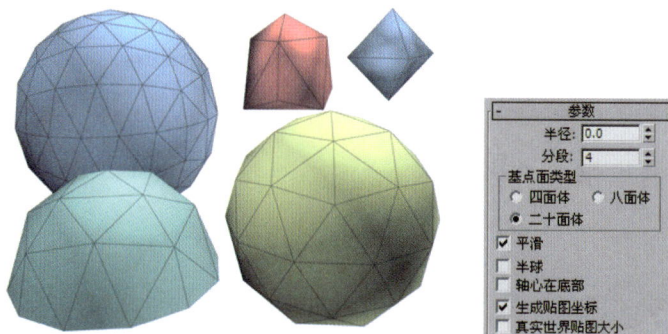

图 2-7　几何球体及参数

5. 圆柱体

"创建"面板上的"圆柱体"按钮用于创建圆柱体，可以围绕其主轴进行"切片"，如图 2-8 所示。

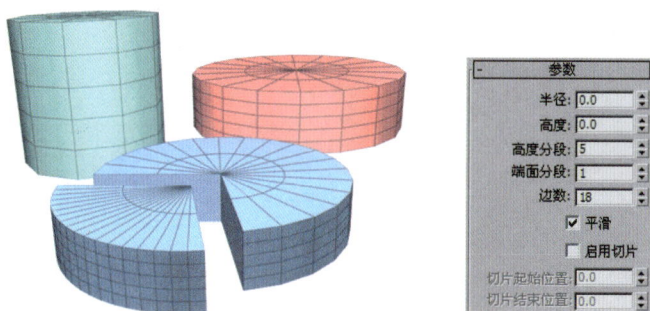

图 2-8　圆柱体及参数

6. 管状体

管状体可生成圆形管道和棱柱管道。管状体类似于中空的圆柱体，如图 2-9 所示。

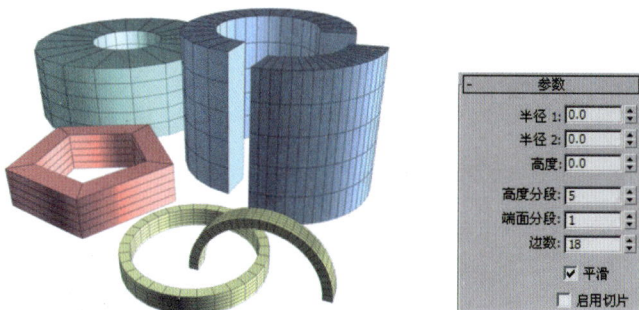

图 2-9　管状体及参数

7. 圆环

"创建"面板上的"圆环"按钮可生成圆环或具有圆形横截面的环(圆环)。可以将"平滑"选项与"旋转"和"扭曲"设置组合使用,以创建复杂的变体,如图 2-10 所示。

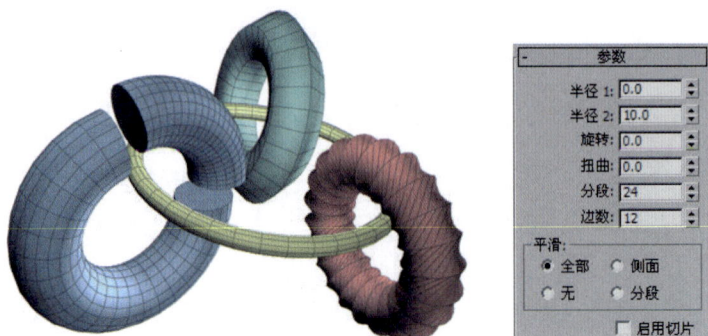

图 2-10　圆环及参数

8. 四棱锥

四棱锥拥有正方形或矩形底部和三角形侧面,如图 2-11 所示。

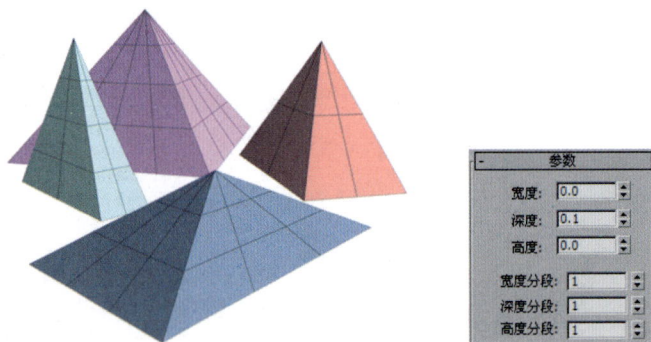

图 2-11　四棱锥及参数

9. 茶壶

使用"茶壶"基本体可以快速创建茶壶模型。在茶壶的"参数"卷展栏下的"茶壶部件"组中,通过勾选相应的复选框可显示茶壶的"壶体""壶把""壶嘴""壶盖",如图 2-12 所示。

图 2-12　茶壶及参数

10．平面

平面基本体是特殊类型的平面多边形网格，可以在渲染时无限放大；可以指定放大分段的大小和数量的因子，如图 2-13 所示。

图 2-13　平面及参数

案例 1　标准基本体建模——液晶电视

完成文件	...\场景文件\2\液晶电视（完成）.max
参考文件	...\场景文件\2\液晶电视（参考）.max
关键技术	长方体和球体的创建
参考图	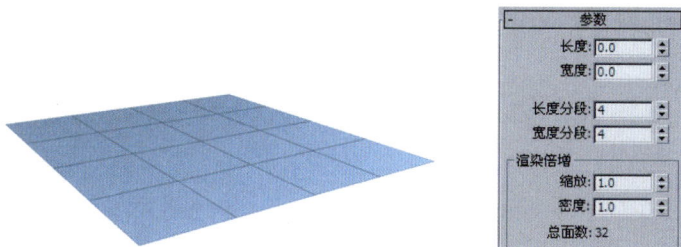

【操作步骤】

（1）将单位设置为"毫米"。

（2）在前视图创建一个 820.0mm×1300.0mm×50.0mm 的长方体，命名为"机壳"。视图和参数如图 2-14 所示。

（3）在左视图选择"机壳"，按住 Shift 键，单击 ![选择并移动] （选择并移动）按钮，移动并复制一个长方体，命名为"黑边"，并将参数修改为 750.0mm×1150.0mm×5.0mm，将颜色调整为黑色。调整位置，使"黑边"刚好紧贴"机壳"显示，如图 2-15 所示。

（4）在左视图选择"黑边"，用同样的方法再复制一个长方体，命名为"屏幕"，并将参数修改为 700.0mm×1100.0mm×2.0mm，将颜色调整为蓝色。调整位置，使"屏幕"紧贴"黑边"显示，如图 2-16 所示。

（5）在前视图创建一个 30.0mm×50.0mm×10.0mm 的长方体，命名为"开关"，使用"球体"创建 3 个半径为 20.0mm 的半球，分别命名为"按钮 1""按钮 2""按钮 3"。将这 3 个按钮调节到合适位置，如图 2-17 所示。

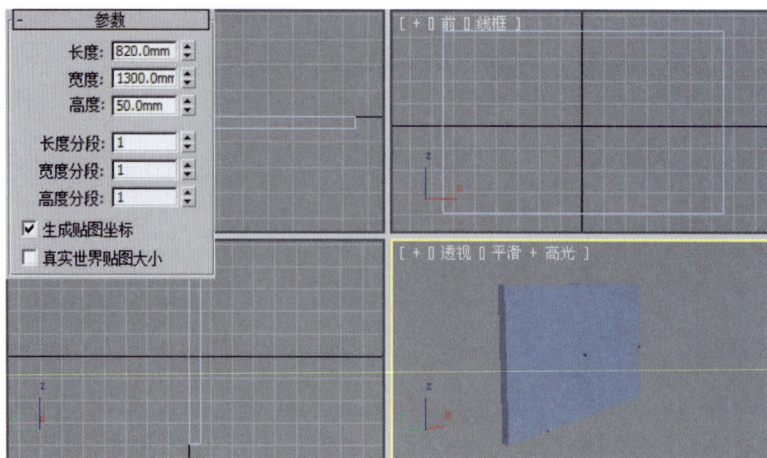

图 2-14　"机壳"及参数

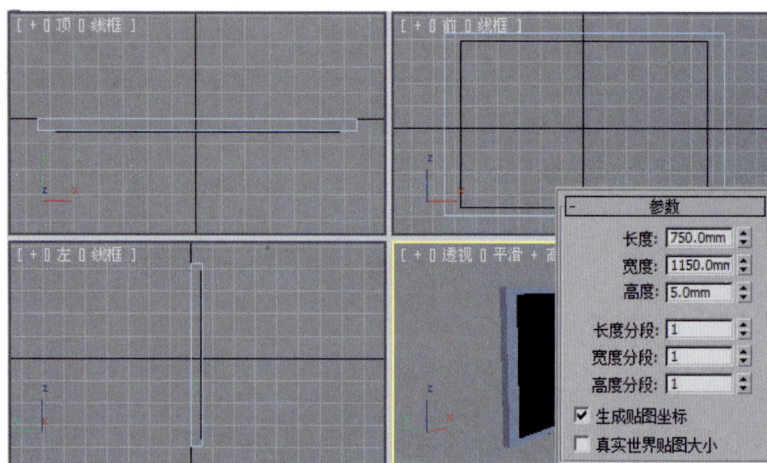

图 2-15　"黑边"及参数

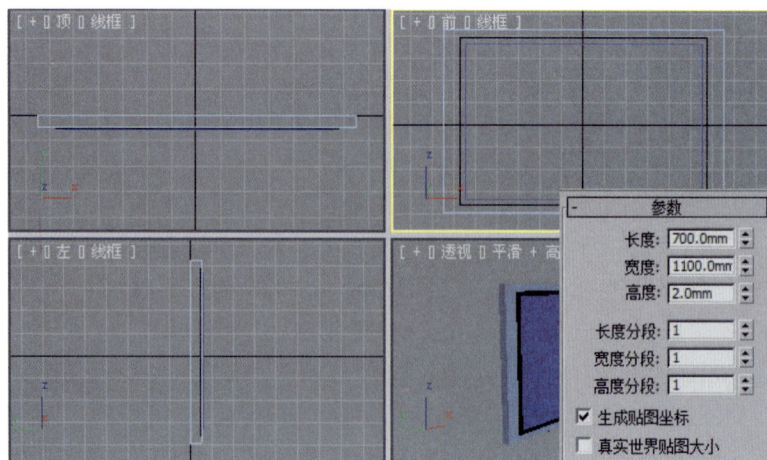

图 2-16　"屏幕"及参数

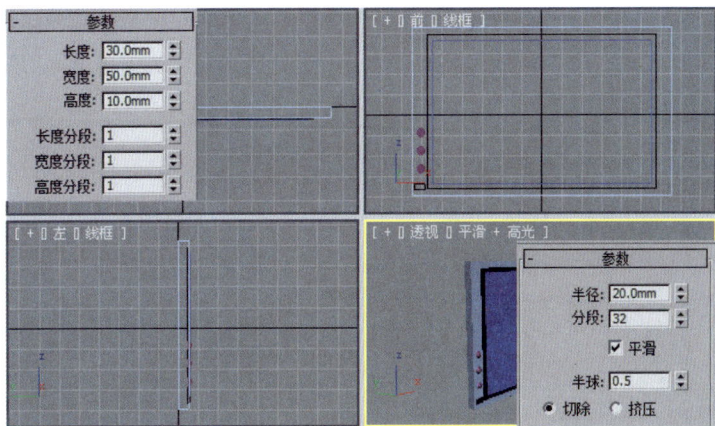

图 2-17 "开关""按钮"及参数

2.2 扩展基本体

扩展基本体是 3ds Max 复杂基本体的集合。3ds Max 中的扩展基本体包含 13 种类型：异面体、环形结、切角长方体、切角圆柱体、油罐、胶囊、纺锤、L-Ext、球棱柱、C-Ext、环形波、棱柱和软管，如图 2-18 所示。

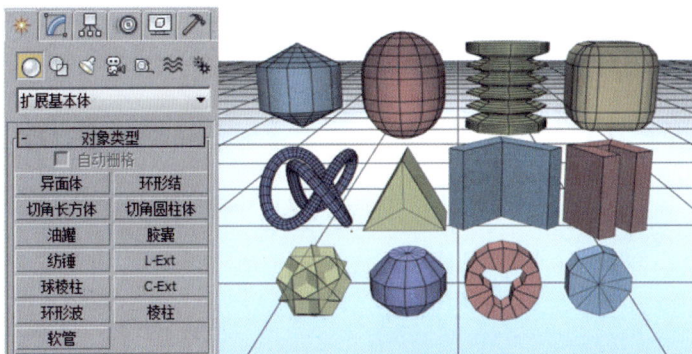

图 2-18 扩展基本体

1. 异面体

单击"异面体"按钮可通过几个系列的多面体生成对象，如图 2-19 所示。

2. 环形结

单击"环形结"按钮可通过在正常平面中围绕 3D 曲线绘制 2D 曲线创建复杂或带结的环形。3D 曲线（称为基础曲线）既可以是圆形，也可以是环形结，如图 2-20所示。

图 2-19 异面体

3. 切角长方体

单击"切角长方体"按钮可创建具有倒角或平滑的圆弧形边的长方体,如图 2-21 所示。

图 2-20 环形结

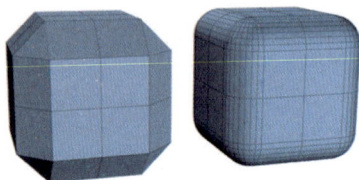

图 2-21 切角长方体

4. 切角圆柱体

单击"切角圆柱体"按钮可创建具有倒角或平滑的圆弧形封口边的圆柱体,如图 2-22 所示。

5. 油罐

单击"油罐"按钮可创建带有凸面封口的圆柱体,如图 2-23 所示。

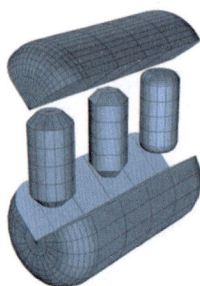

图 2-22 切角圆柱体

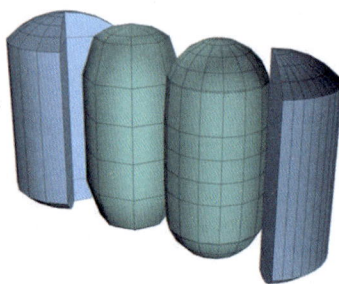

图 2-23 油罐

6. 胶囊

单击"胶囊"按钮可创建带有半球形封口的圆柱体,如图 2-24 所示。

7. 纺锤

单击"纺锤"按钮可创建带有圆锥形封口的圆柱体,如图 2-25 所示。

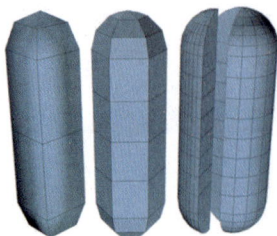

图 2-24 胶囊

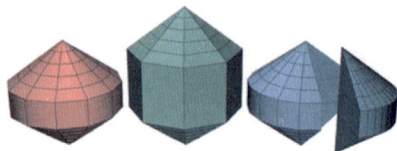

图 2-25 纺锤

8. L-Ext

单击 L-Ext(L 形挤出)按钮可创建挤出的 L 形对象,如图 2-26 所示。

9. 球棱柱

单击"球棱柱"按钮可以利用可选的圆角多边形创建棱柱,如图 2-27 所示。

图 2-26 L-Ext

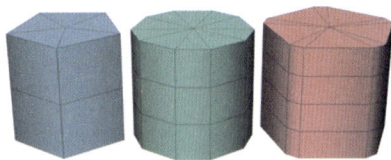

图 2-27 球棱柱

10. C-Ext

单击 C-Ext(C 形挤出)按钮可创建挤出的 C 形对象,如图 2-28 所示。

11. 环形波

单击"环形波"按钮可创建一个环形,它的图形可以设置为动画。例如,创建由星球爆炸产生的冲击波,如图 2-29 所示。

图 2-28 C-Ext

图 2-29 环形波

12. 棱柱

单击"棱柱"按钮可创建带有独立分段面的三面棱柱,如图 2-30 所示。

13. 软管

单击"软管"按钮能连接两个对象的弹性对象,能反映两个对象之间的相对运动,它类似于弹簧,但不具备动力学属性。可以指定软管的直径、长度和圈数,如图 2-31 所示。

图 2-30 棱柱

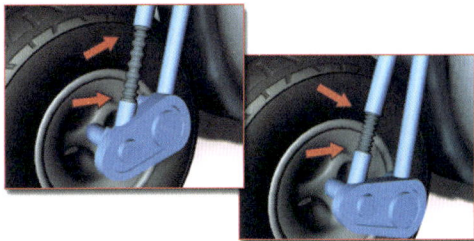

图 2-31 软管

案例 2　扩展基本体建模——沙发

完成文件	...\场景文件\2\沙发（完成）.max
参考文件	...\场景文件\2\沙发（参考）.max
关键技术	切角长方体和长方体的创建
参考图	

【操作步骤】

（1）将单位设置为"毫米"。

（2）单击 ✳（创建）| ◯（几何体）| 扩展基本体 | 切角长方体 按钮，在顶视图创建一个切角长方体，命名为"沙发底座"。

（3）单击 ⬚（修改）选项卡，进入"修改"面板，修改"长度"为 600.0mm、"宽度"为 600.0mm、"高度"为 130.0mm、"圆角"为 20.0mm、"圆角分段"为 3，如图 2-32 所示。

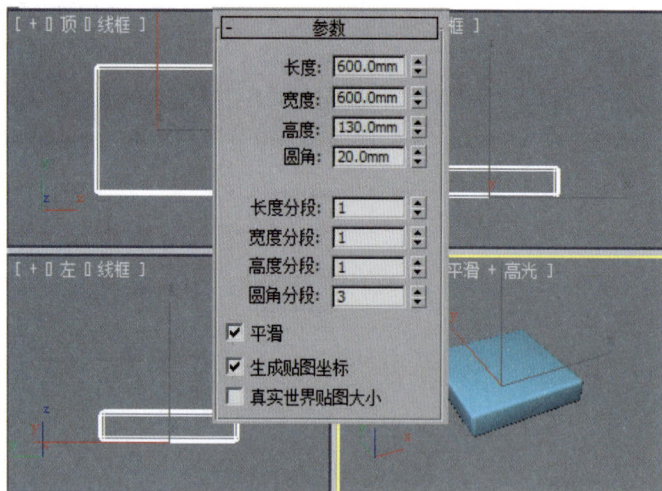

图 2-32　使用切角长方体创建"沙发底座"及修改参数

（4）在前视图选择"沙发底座"，使用 Shift 键＋✛（选择并移动）工具，沿 Y 轴向上复制一个切角长方体，将"圆角"修改为 30.0mm，命名为"沙发座"，如图 2-33 所示。

（5）在前视图创建一个切角长方体，命名为"扶手 001"。设置"长度"为 450.0mm、"宽度"为 720.0mm、"高度"为 120.0mm、"圆角"为 20.0mm、"圆角分段"为 3，如图 2-34 所示。

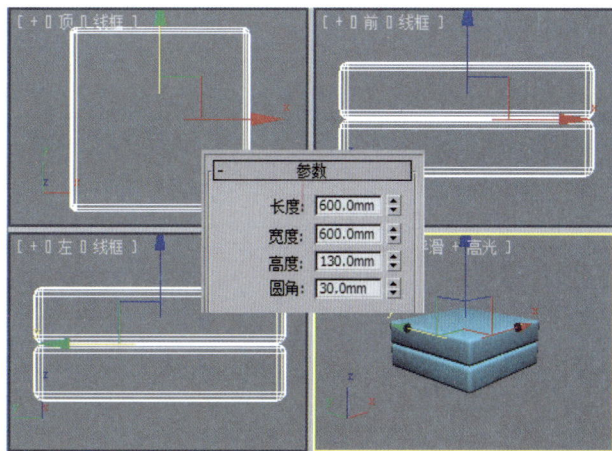

图 2-33　复制创建"沙发座"及修改参数

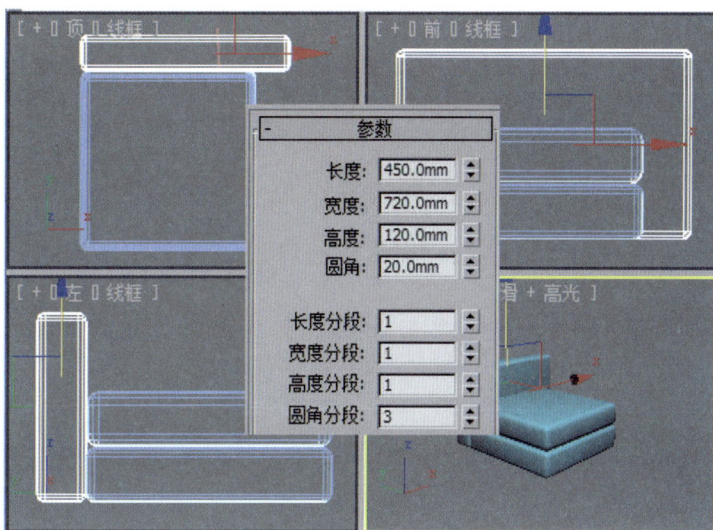

图 2-34　使用切角长方体创建"扶手 001"及修改参数

（6）在顶视图中"扶手 001"的下方创建一个 40.0mm×40.0mm×100.0mm 的长方体，命名为"沙发腿 001"，再沿 X 轴移动复制一个长方体，命名为"沙发腿 002"。在前视图调整两个沙发腿到合适位置，如图 2-35 所示。

（7）在顶视图框选"扶手 001""沙发腿 001"和"沙发腿 002"，沿 Y 轴复制另一组，位置如图 2-36 所示。

（8）在左视图创建一个切角长方体，命名为"沙发靠背"。设置"长度"为 450.0mm、"宽度"为 600.0mm、"高度"为 120.0mm、"圆角"为 15.0mm、"圆角分段"为 3，如图 2-37 所示。

（9）选择"沙发靠背"复制一个切角长方体，命名为"沙发靠垫"，单击 （选择并旋转）按钮调节"沙发靠垫"的角度，如图 2-38 所示。

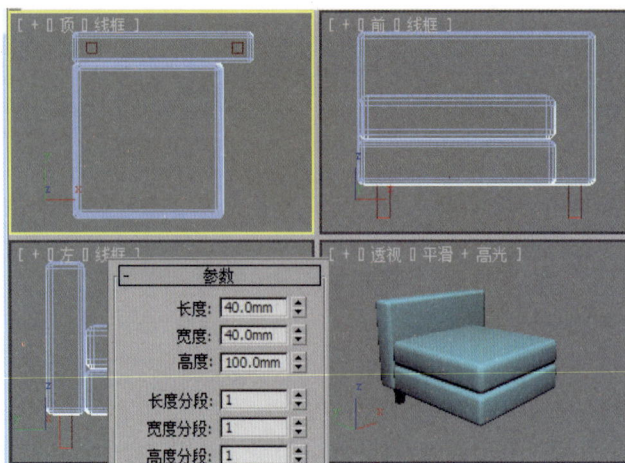

图 2-35　使用长方体创建"沙发腿 001"并复制创建"沙发腿 002"

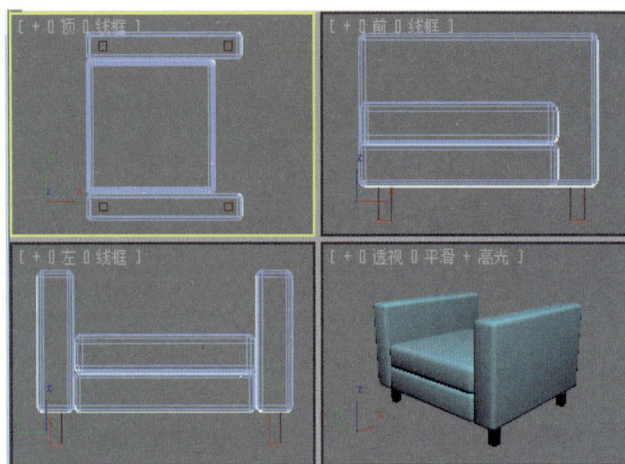

图 2-36　复制创建"扶手 002""沙发腿 003""沙发腿 004"

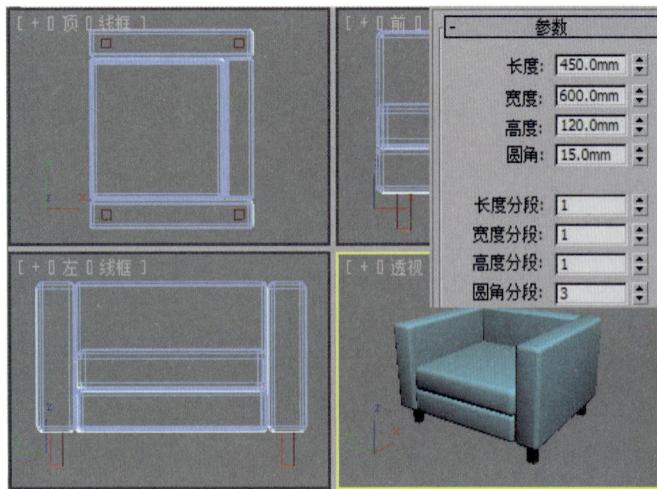

图 2-37　使用切角长方体创建"沙发靠背"

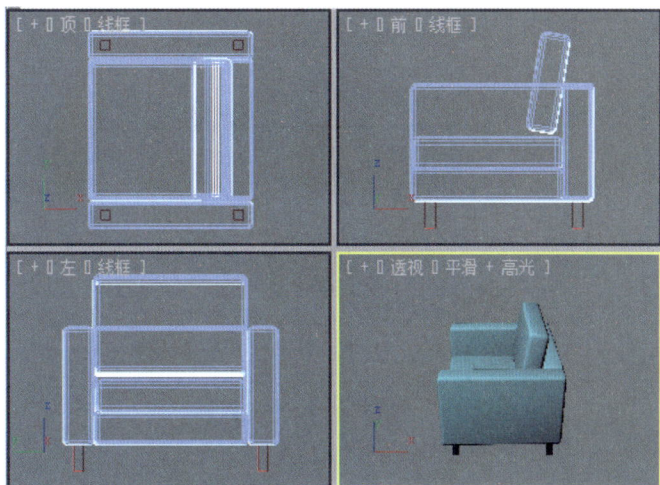

图 2-38　创建"沙发靠垫"并旋转角度

2.3　建筑对象

　　3ds Max 提供了建筑对象的序列,可用作构建建筑类项目的模型。这些对象包括 AEC 扩展(植物、栏杆和墙)、楼梯、门和窗。

2.3.1　AEC 扩展

　　"AEC 扩展"对象专为建筑、工程和构造领域的建模而设计。

1. 植物

使用"AEC 扩展"创建植物实例,如图 2-39 所示。

2. 围栏

使用"AEC 扩展"创建围栏实例,如图 2-40 所示。

图 2-39　植物实例

图 2-40　围栏实例

3. 墙

使用"AEC 扩展"创建墙实例,如图 2-41 所示。

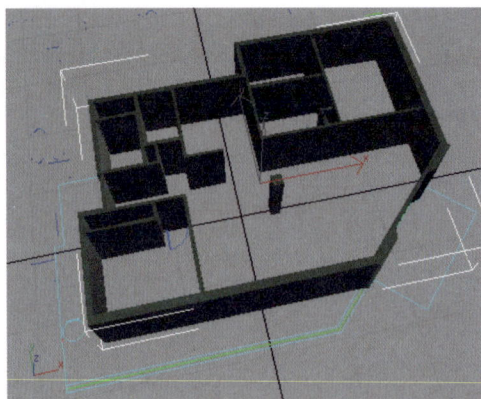

图 2-41　墙实例

2.3.2　门

建筑对象中的门的类型如图 2-42 所示。

(a) 枢轴门　　　　　　　　　(b) 推拉门　　　　　　　　　(c) 折叠门

图 2-42　门的类型

2.3.3　窗

建筑对象中的窗的类型如图 2-43 所示。

(a) 平开窗　　　　　　　　　(b) 旋开窗　　　　　　　　　(c) 伸出式窗

(d) 推拉窗　　　　　　　　　(e) 固定窗　　　　　　　　　(f) 遮篷式窗

图 2-43　窗的类型

2.3.4　楼梯

1. 螺旋楼梯

螺旋楼梯的类型如图 2-44 所示。

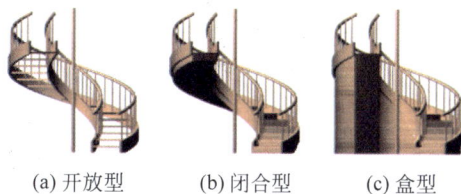

(a) 开放型　　　(b) 闭合型　　　(c) 盒型

图 2-44　螺旋楼梯的类型

2. 直线楼梯

直线楼梯的类型如图 2-45 所示。

(a) 开放型　　　(b) 闭合型　　　(c) 盒型

图 2-45　直线楼梯的类型

3. L 形楼梯

L 形楼梯的类型如图 2-46 所示。

(a) 开放型　　　(b) 闭合型　　　(c) 盒型

图 2-46　L 形楼梯的类型

4. U 形楼梯

U 形楼梯的类型如图 2-47 所示。

实训 13　使用建筑对象建模

参考文件	...\场景文件\1\树(参考).max
关键技术	植物、栏杆、墙、楼梯、门和窗的创建

实训内容	（1）尝试使用建筑对象创建各种植物、栏杆和墙。 （2）尝试使用建筑对象创建各种楼梯。 （3）尝试使用建筑对象创建各种门。 （4）尝试使用建筑对象创建各种窗
参考图	

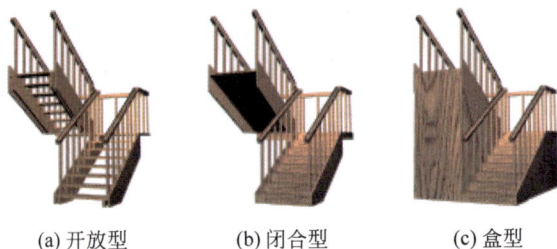

(a) 开放型　　(b) 闭合型　　(c) 盒型

图 2-47　U 形楼梯的类型

【提示】建筑对象中的"树"默认使用了贴图文件，这些文件在安装 3ds Max 软件时会自动存储至路径 C:\Program Files\Autodesk\3ds Max 2011\maps，如果在打开配套资源文件时弹出"缺少外部文件"对话框，则可单击"浏览"按钮，将该路径添加到"外部文件路径"列表中。

思考与练习

（1）球体和几何球体有何区别？

（2）与标准基本体相比，扩展基本体有何特点？

（3）使用建筑对象中的植物创建"树"对象有何缺点？

（4）建筑对象中的门、楼梯和窗户有哪些种类？

第3章 图形及二维线形修改器

- 熟练掌握样条线的创建和修改方法。
- 熟悉扩展样条线的创建和修改方法。
- 掌握"挤出""车削""倒角""倒角剖面"修改器的使用方法。

图形是指由曲线或直线组成的对象。3ds Max 提供了 3 种图形：样条线、扩展样条线和 NURBS 曲线，如图 3-1 所示。

图 3-1 图形种类

3.1 图形种类

3.1.1 样条线

样条线的对象类型包括线、矩形、圆、椭圆、弧、圆环、多边形、星形、文本、螺旋线和截面，如图 3-2 所示。

1. 线

单击"线"按钮可创建由多个分段组成的自由形式的样条线，如图 3-3 所示。

图 3-2 样条线对象类型

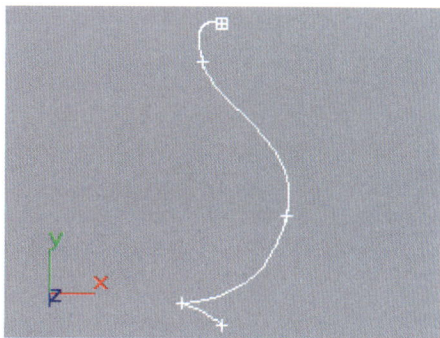

图 3-3 线

2. 矩形

单击"矩形"按钮可创建方形和矩形样条线，如图 3-4 所示。

图 3-4　矩形

3. 圆

单击"圆"按钮可创建由 4 个顶点组成的闭合圆形样条线,如图 3-5 所示。

4. 椭圆

单击"椭圆"按钮可创建椭圆形和圆形样条线,如图 3-6 所示。

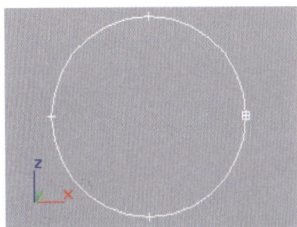

图 3-5　圆

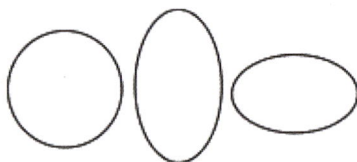

图 3-6　椭圆

5. 弧

单击"弧"按钮可创建由 4 个顶点组成的打开和闭合的圆形弧形,如图 3-7 所示。

6. 圆环

单击"圆环"按钮可通过两个同心圆创建封闭的形状。每个圆都由 4 个顶点组成,如图 3-8 所示。

7. 多边形

单击"多边形"按钮可创建具有任意面数或顶点数(N)的闭合平面或圆形样条线,如图 3-9 所示。

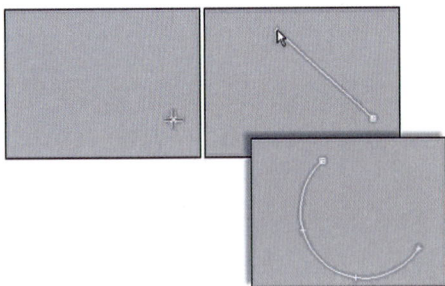

图 3-7　弧

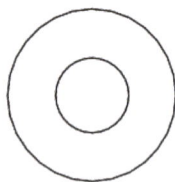

图 3-8　圆环

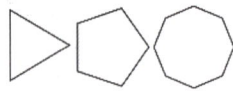

图 3-9　多边形

8. 星形

单击"星形"按钮可创建具有很多点的闭合星形样条线。星形样条线使用两个半径设置外点和内谷之间的距离,如图 3-10 所示。

9. 文本

单击"文本"按钮可创建文本图形的样条线,如图 3-11 所示。

10. 螺旋线

单击"螺旋线"按钮可创建开口平面或 3D 螺旋线，如图 3-12 所示。

图 3-10　星形

图 3-11　文本

图 3-12　螺旋线

11. 截面

"截面"是一种特殊类型的样条线，其可以通过网格对象基于横截面切片生成图形，如图 3-13 所示。

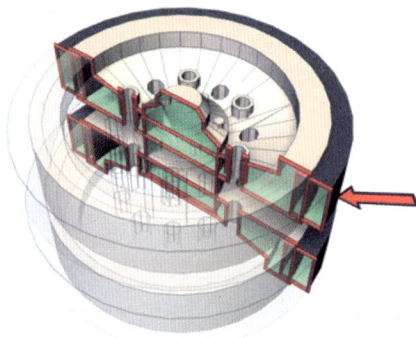

图 3-13　截面

案例 3　样条线建模——花篮

完成文件	...\场景文件\3\样条线\花篮（完成）.max
参考文件	...\场景文件\3\样条线\花篮（参考）.max
关键技术	线、圆、管状体、阵列旋转复制、在渲染和视图中启用径向厚度
参考图	

【操作步骤】

(1) 将单位设置为"毫米"。

(2) 单击 ✳(创建)|🔲(图形)|样条线 | 线 按钮,如图 3-14 所示。

(3) 在前视图中,单击鼠标创建线 Line001,如图 3-15 所示。

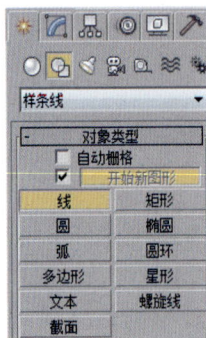

图 3-14 线

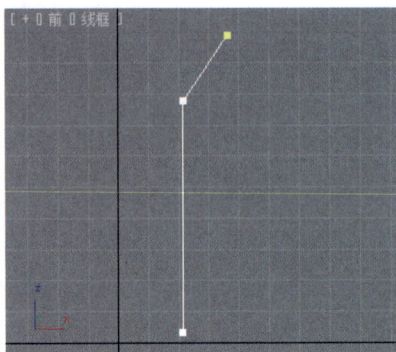

图 3-15 创建线 Line001

【提示】创建 3 个顶点即可。

(4) 切换到 ✏(修改)选项卡,进入"顶点"子层级。选择线中间的一个顶点并右击,在弹出的菜单中将顶点类型改为"Bezier 角点",如图 3-16 所示。

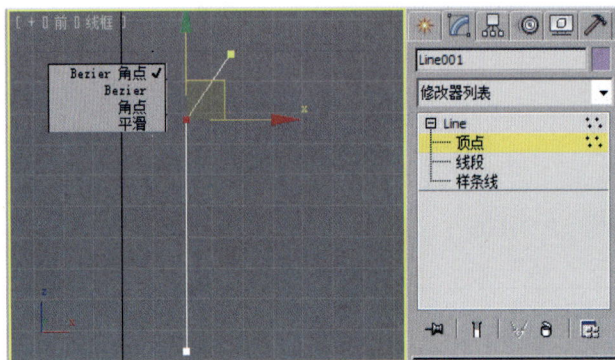

图 3-16 调整顶点类型

(5) 通过顶点的 Bezier 杆调整线的形状,如图 3-17 所示。

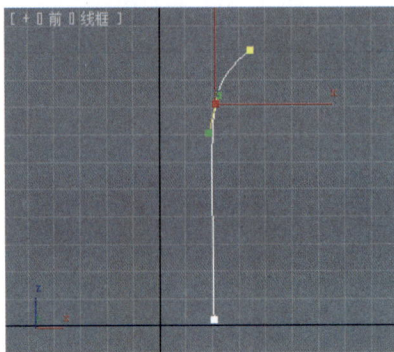

图 3-17 调整线的形状

（6）选择线 Line001，切换到 （层）选项卡，单击"调整轴"卷展栏下的"仅影响轴"按钮，视图中将显示轴，如图 3-18 所示。

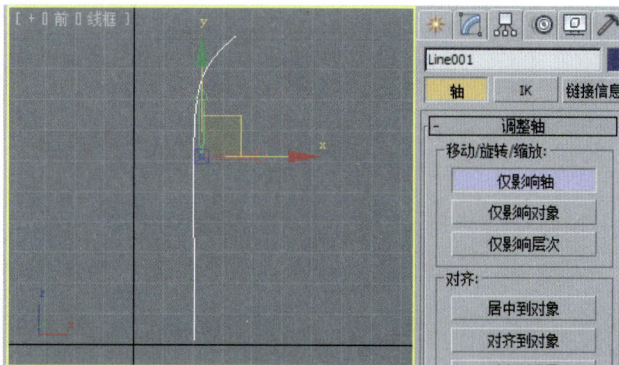

图 3-18 显示轴

（7）沿 X 方向将轴移动到世界空间坐标 x＝0 处，如图 3-19 所示。

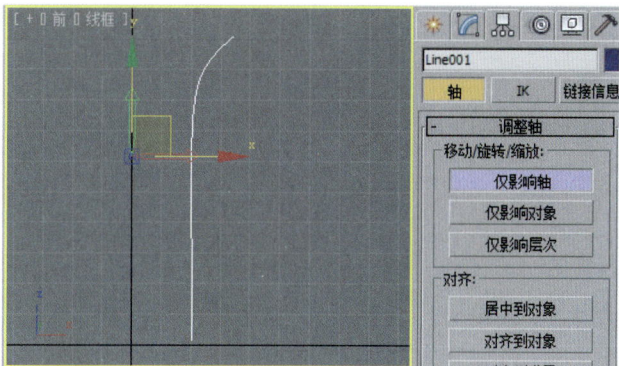

图 3-19 水平移动轴

【提示】可在 X 坐标的文本框 中直接将 X 值更改为 0，快速将轴的位置移动到世界空间坐标 x＝0 处。

（8）再次单击"仅影响轴"按钮，取消该选择。

（9）选择"工具"|"阵列"菜单，打开"阵列"对话框。单击"旋转"右侧的"＞"按钮，将 Y 值设置为 360.0。在"阵列维度"组中选择 1D 选项，将"数量"设置为 40。单击"预览"按钮，在视图中观察阵列复制的线，如图 3-20 所示。

（10）单击"确定"按钮，完成阵列的复制操作，如图 3-21 所示。

（11）在前视图中框选所有线。在"修改"选项卡的"渲染"卷展栏下，勾选"在渲染中启用"和"在视口中启用"复选框。选择"径向"组，将"厚度"设置为 8.0mm，如图 3-22 所示。

【提示】"厚度"值可根据设计需要适当调整。

（12）在顶视图中创建一个管状体 Tube01 作为花篮内框。将"半径 1"和"半径 2"分别设置为 195.0mm 和 150.0mm，将"高度"设置为 800.0mm，将"边数"设置为 20。在前视图中适当调节其高度，如图 3-23 所示。

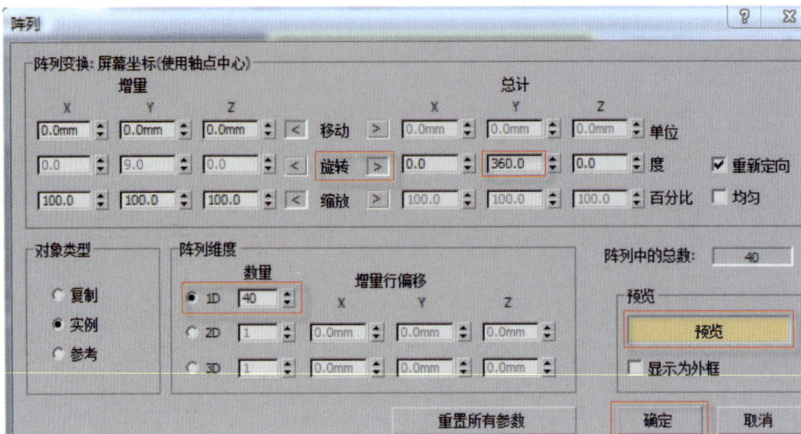

图 3-20　设置阵列参数

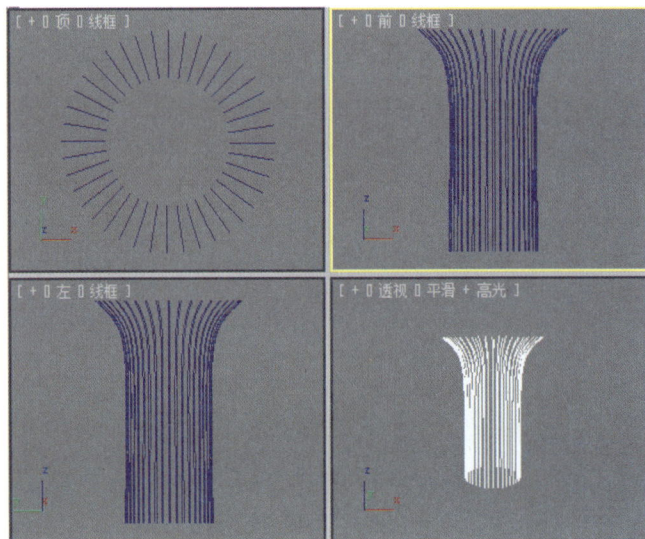

图 3-21　阵列复制线

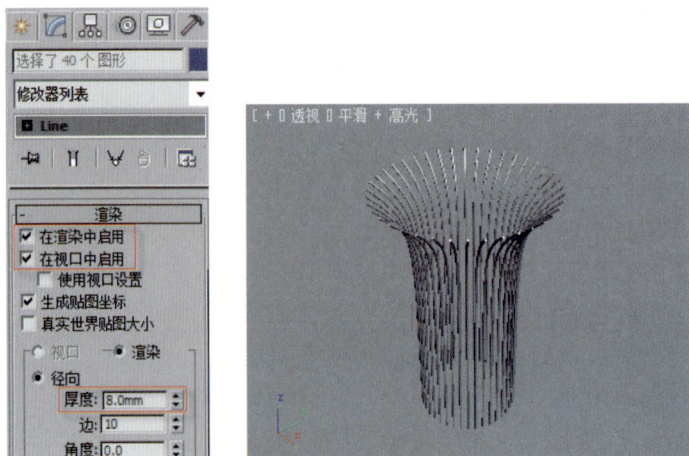

图 3-22　启用线的径向显示

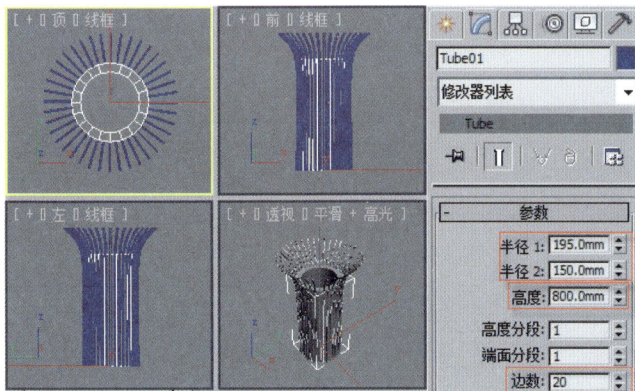

图 3-23　创建管状体 Tube01

【提示】"半径 1"和"半径 2"可根据线的长短适当调整,以下步骤中的相关参数可根据实际需要适当调整。

(13) 在顶视图创建一个管状体 Tube02 作为花篮底座。将"半径 1"和"半径 2"分别设置为 280.0mm 和 50.0mm,将"高度"设置为 15.0mm,将"边数"设置为 30。在前视图中适当调节其高度,如图 3-24 所示。

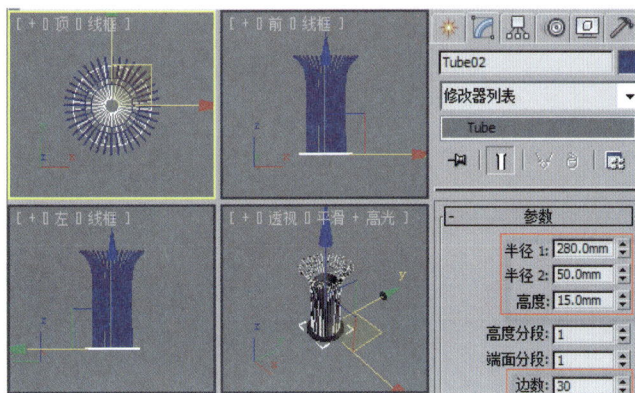

图 3-24　创建管状体 Tube02

(14) 在顶视图创建一个圆 Circle01 作为花篮口,"半径"设置为 350.0mm。在前视图适当调节其高度。在"修改"选项卡的"渲染"卷展栏下,勾选"在渲染中启用"和"在视口中启用"复选框。选择"径向"组,将"厚度"设置为 25.0mm,如图 3-25 所示。

(15) 在顶视图创建一个圆 Circle02,"半径"设置为 202.0mm。在前视图适当调节其高度。在"修改"选项卡的"渲染"卷展栏下,勾选"在渲染中启用"和"在视口中启用"复选框。选择"径向"组,将"厚度"设置为 10.0mm,如图 3-26 所示。

(16) 在前视图选择圆 Circle02,按住 Shift 键,沿 Y 轴向下移动复制 5 个圆。适当调节 6 个圆的高度,如图 3-27 所示。

(17) 单击"渲染"按钮,观察效果图,如图 3-28 所示。

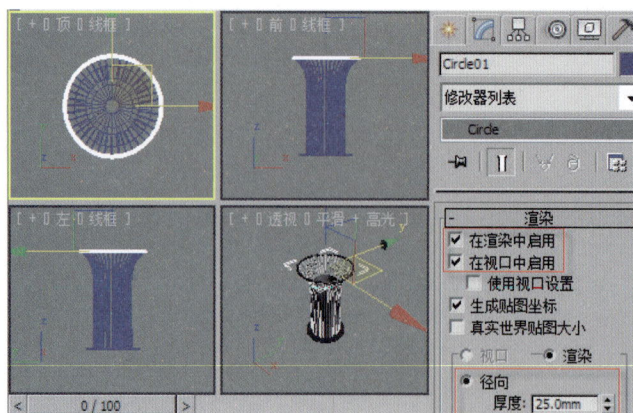

图 3-25 创建圆 Circle01

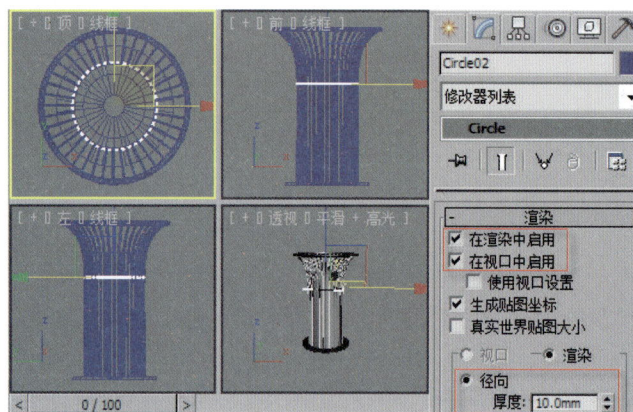

图 3-26 创建圆 Circle02

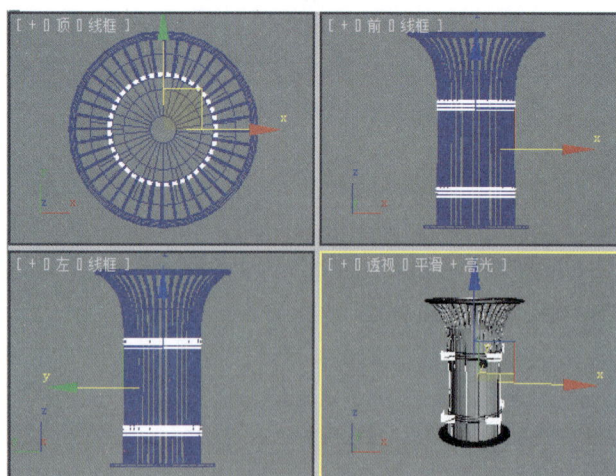

图 3-27 复制 5 个圆

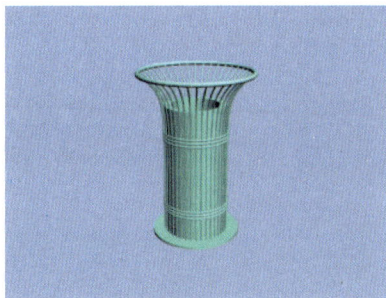

图 3-28 效果图

3.1.2 扩展样条线

扩展样条线是样条线的增强。扩展样条线包括 5 种对象类型：墙矩形、通道、角度、T 形和宽法兰，如图 3-29 所示。

1. 墙矩形

单击"墙矩形"按钮可通过两个同心矩形创建封闭的形状。每个矩形都由 4 个顶点组成，如图 3-30 所示。

图 3-29 扩展样条线的对象类型

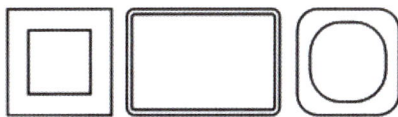

图 3-30 墙矩形

2. 通道

单击"通道"按钮可创建闭合形状为 C 的样条线，如图 3-31 所示。

3. 角度

单击"角度"按钮可创建闭合形状为 L 的样条线，如图 3-32 所示。

图 3-31 通道

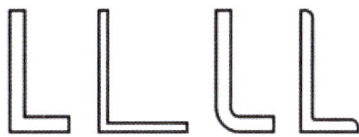

图 3-32 角度

4. T 形

单击"T 形"按钮可创建闭合形状为 T 的样条线，如图 3-33 所示。

5. 宽法兰

单击"宽法兰"按钮可创建闭合形状为 I 的样条线，如图 3-34 所示。

图 3-33　T 形

图 3-34　宽法兰

3.1.3　NURBS 曲线

NURBS 曲线是图形对象,在制作样条线时可以使用这些曲线。NURBS 曲线包括两种对象类型:点曲线和 CV 曲线,如图 3-35 所示。

1. 点曲线

点曲线是 NURBS 曲线,其中的点被约束在曲线上。点曲线可以是 NURBS 模型的基础,如图 3-36 所示。

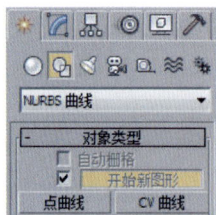

图 3-35　NURBS 曲线的对象类型

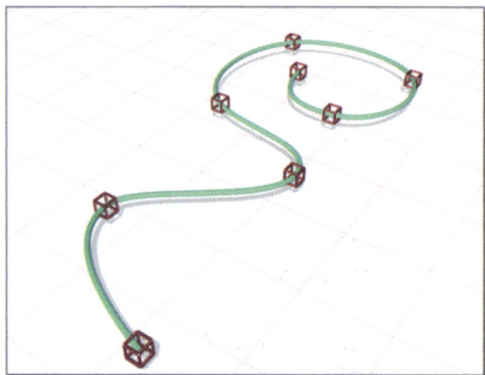

图 3-36　点曲线

2. CV 曲线

CV 曲线是由控制顶点(CV)控制的 NURBS 曲线。CV 不在曲线上,它们定义了一个包含曲线的控制晶格,如图 3-37 所示。

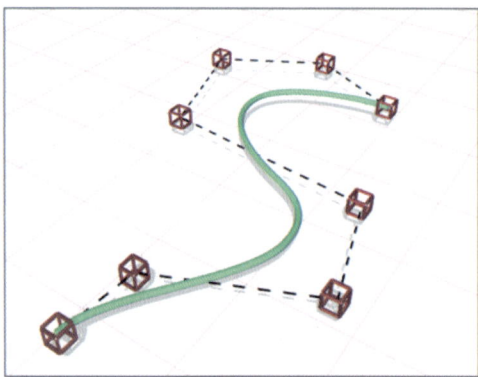

图 3-37　CV 曲线

3.2 二维线形修改器

使用二维线形修改器可以将二维线形转换为三维几何体。

修改器存储在堆栈中，可以使用 🔆 工具使修改器生效或者暂时失效，可以使用 🔧 工具移除修改器，如图 3-38 所示。

本章主要介绍使用得较多的"挤出""车削""倒角""倒角剖面"这 4 种修改器。

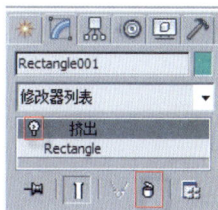

图 3-38 修改器

3.2.1 "挤出"修改器

"挤出"修改器可以使二维图形具有一定深度，从而形成三维对象，如图 3-39 所示。

"挤出"修改器的参数主要包括数量和分段，如图 3-40 所示。

* 数量：设置挤出的深度。
* 分段：指定挤出对象的分段数。

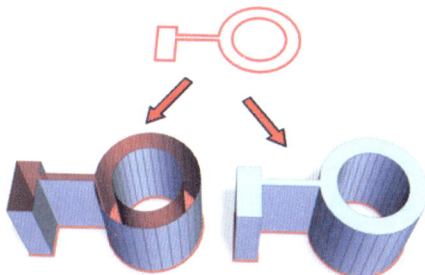

图 3-39 "挤出"修改器

图 3-40 "挤出"修改器的参数

案例 4 "挤出"修改器——书架

原始文件	...\场景文件\3\"挤出"修改器\书架.max
完成文件	...\场景文件\3\"挤出"修改器\书架（完成）.max
参考文件	...\场景文件\3\"挤出"修改器\书架（参考）.max
关键技术	"编辑样条线"修改器、"附加"命令、"挤出"修改器
参考图	

【操作步骤】

(1) 将单位设置为"毫米"。

(2) 单击 ☀(创建)｜ ⊕(图形)｜样条线｜ 矩形 按钮。

(3) 在前视图中创建矩形 Rectangle001。切换到"修改"选项卡,在"参数"卷展栏下将"长度"设置为 2000.0mm、"宽度"设置为 3000.0mm,如图 3-41 所示。

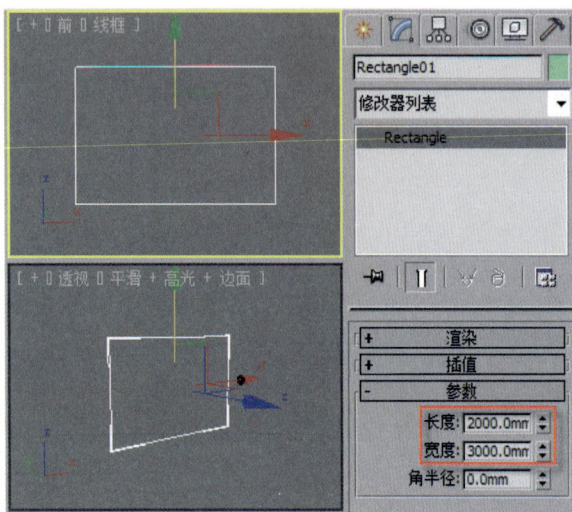

图 3-41　创建矩形 Rectangle001

(4) 在顶视图选择矩形 Rectangle001,按住 Shift 键,鼠标沿 Y 轴向下拖动矩形,复制出矩形 Rectangle002,如图 3-42 所示。

(5) 在前视图创建一个"长度"为 360.0mm、"宽度"为 460.0mm 的矩形 Rectangle003,如图 3-43 所示。

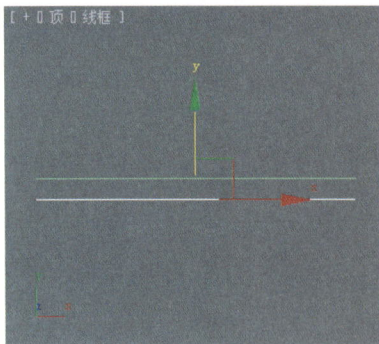

图 3-42　复制出矩形 Rectangle002

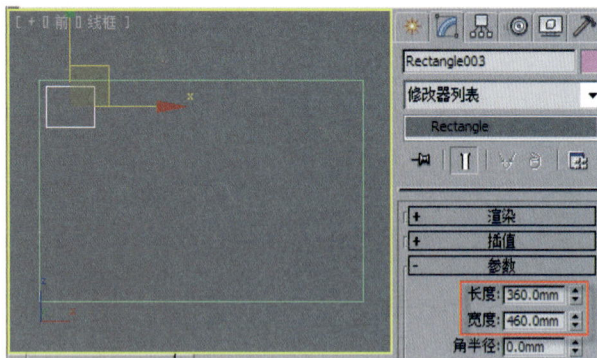

图 3-43　创建矩形 Rectangle003

(6) 在前视图中选择矩形 Rectangle003,按住 Shift 键,鼠标沿 X 轴向右拖动矩形,复制创建 5 个矩形 Rectangle004 至 Rectangle008,如图 3-44 所示。

(7) 用同样的方法创建大小相同的矩形 Rectangle009 至 Rectangle024,如图 3-45 所示。

【提示】可根据实际需要适当调节各矩形之间的距离,使其等间距分布。

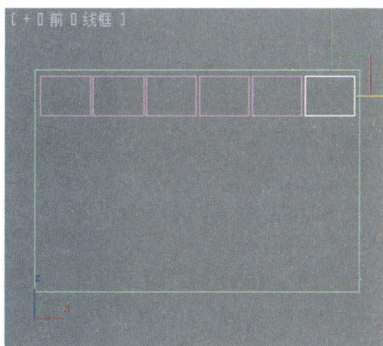

图 3-44 复制矩形

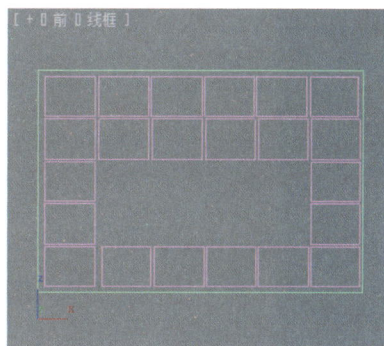

图 3-45 复制更多矩形

（8）在前视图创建一个"长度"为 680.0mm、"宽度"为 1900.0mm 的矩形 Rectangle025，如图 3-46 所示。

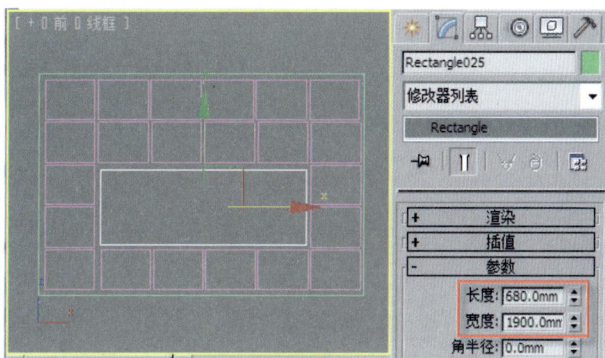

图 3-46 创建矩形 Rectangle025

（9）单击 按钮，选择从 Rectangle001 到 Rectangle025 但除 Rectangle002 外的 24 个矩形，在顶视图观察并确定它们是否处于同一个平面上，如图 3-47 所示。

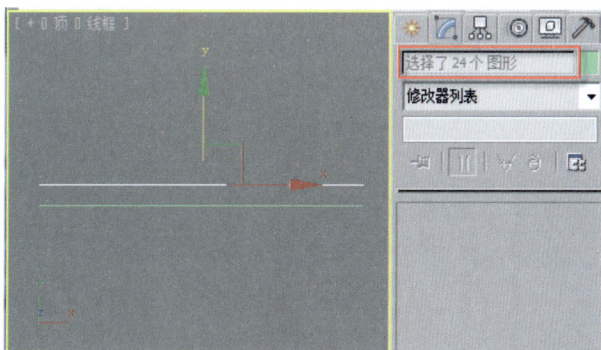

图 3-47 确认对齐矩形

（10）选择矩形 Rectangle001，添加"编辑样条线"修改器，进入其"样条线"子层级，在"几何体"卷展栏下单击"附加多个"按钮，在弹出的"附加多个"对话框中选择从

Rectangle003 到 Rectangle025 的所有矩形,如图 3-48 所示。

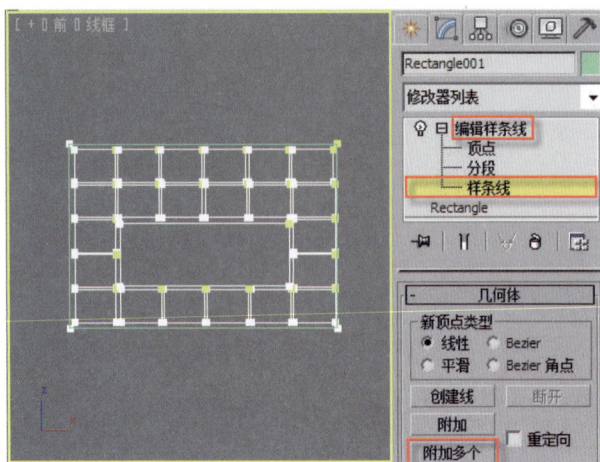

图 3-48 附加矩形

【提示】可参考文件"…\场景文件\3\"挤出"修改器\书架.max"。

(11)继续选择矩形 Rectangle001,添加"挤出"修改器,在"参数"卷展栏下将"数量"设置为 500.0mm,如图 3-49 所示。

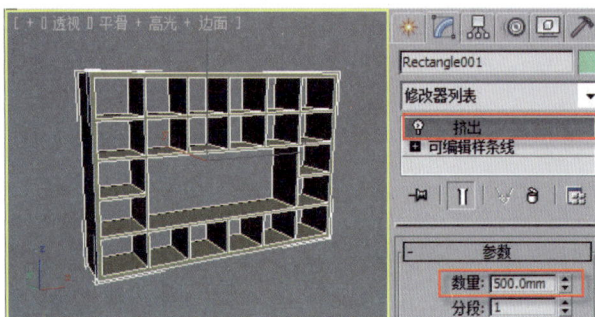

图 3-49 给 Rectangle001 添加"挤出"修改器

(12)选择矩形 Rectangle002,添加"挤出"修改器,在"参数"卷展栏下将"数量"设置为 10.0mm,如图 3-50 所示。

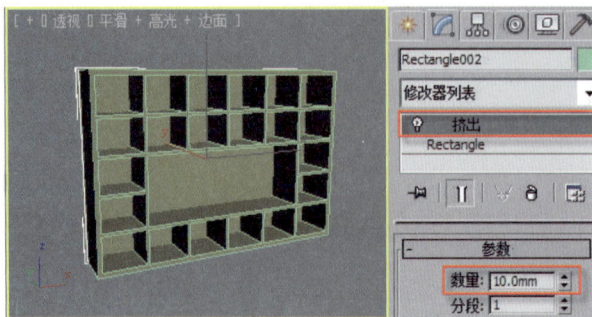

图 3-50 给 Rectangle002 添加"挤出"修改器

【提示】在顶视图根据实际需要调节矩形 Rectangle002 的位置。

（13）单击"渲染"按钮，观察效果图，如图 3-51 所示。

图 3-51 效果图

3.2.2 "车削"修改器

"车削"修改器通过绕轴旋转一个图形创建三维对象，主要用来创建轴对称的几何体，如图 3-52 所示。

"车削"修改器的参数主要包括度数、焊接内核、翻转法线、分段、方向和对齐，如图 3-53 所示。

图 3-52 "车削"修改器的应用

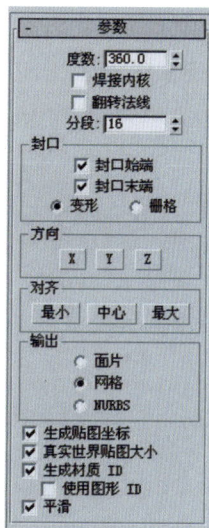

图 3-53 "车削"修改器的参数

- 度数：确定对象绕轴旋转的度数（默认值是 360.0）。
- 焊接内核：将旋转轴中的所有顶点焊接，从而简化网格。
- 翻转法线：通过图形旋转生成的三维对象的法线方向可能指向内部，导致对象外部显示为黑色。勾选"翻转法线"复选框可以进行修正。
- 分段：确定在曲面上创建多少分段值。分段值越大，表面越平滑。
- 方向：相对对象轴点，设置轴的旋转方向。

• 对齐：将旋转轴与图形的最小、中心或最大范围对齐。

【提示】为了简化"对齐"操作，在使用"车削"修改器之前，可以先通过"层"面板将图形的轴调整到"车削"的轴。

案例5 "车削"修改器——酒杯

原始文件	...\场景文件\3\"车削"修改器\酒杯.max
完成文件	...\场景文件\3\"车削"修改器\酒杯(完成).max
关键技术	"轮廓"命令、"车削"修改器
完成图	

【操作步骤】

（1）将单位设置为"毫米"。

（2）在前视图创建"线"，命名为"酒杯"。切换到"修改"选项卡，进入酒杯"顶点"子层级，调节顶点位置，如图 3-54 所示。

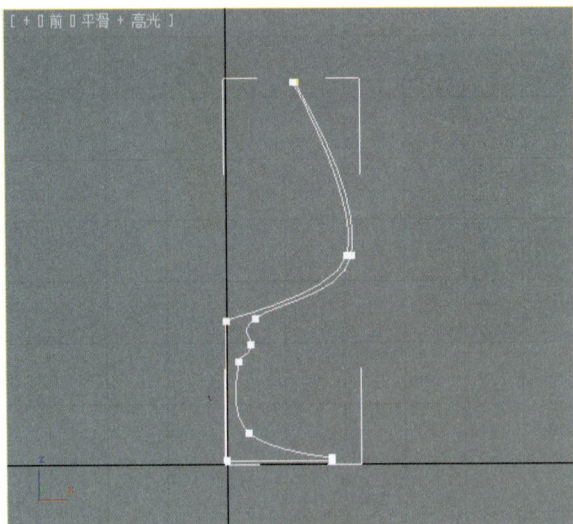

图 3-54　创建并调整线

【提示】为了使曲线更平滑，可根据需要将部分顶点类型更改为"平滑"或者 Bezier。可参考文件"...\场景文件\3\'车削'修改器\酒杯.max"。

（3）在前视图选择"酒杯"对象，切换到"层"选项卡，单击"调整轴"卷展栏下的"仅影响轴"按钮。沿 X 方向移动轴，使其 Y 轴与"酒杯"对象的左侧竖线重合，如图 3-55 所示。再次单击"仅影响轴"按钮，取消其激活状态。

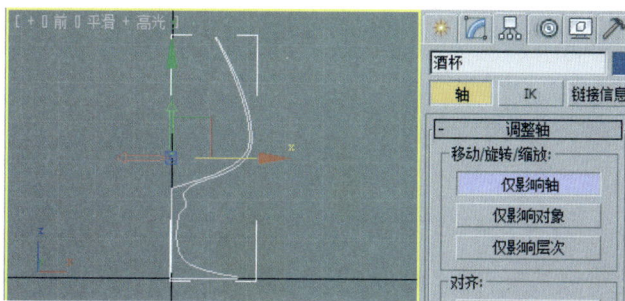

图 3-55　调节轴

（4）给"酒杯"对象添加"车削"修改器。在"参数"卷展栏下勾选"焊接内核"复选框，设置"分段"值为 64，如图 3-56 所示。

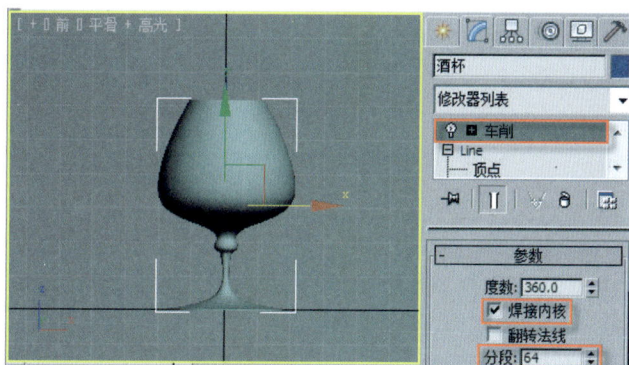

图 3-56　添加"车削"修改器

【提示】如果添加"车削"修改器后对象显示为黑色，可勾选"翻转法线"复选框。

（5）单击"渲染"按钮，观察效果图，如图 3-57 所示。

图 3-57　效果图

3.2.3 "倒角"修改器

将图形挤出为 3D 对象并在边缘应用倒角。倒角将图形作为 3D 对象的基部,将图形挤出为 4 个层次并对每个层次指定轮廓量。"倒角"修改器主要用来创建三维文字和徽标,如图 3-58 所示。

"倒角"修改器的主要参数是倒角值,包含设置多个级别的高度和轮廓值,如图 3-59 所示。

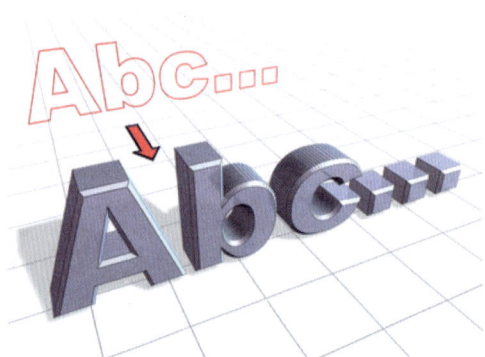

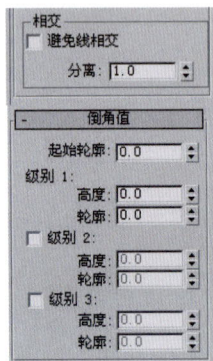

图 3-58　三维文字　　　　　　　　　　　图 3-59　倒角值的设置

- 避免线相交:防止轮廓彼此相交。
- 分离:设置边之间保持的距离。
- 起始轮廓:设置轮廓距离原始图形的偏移距离。非零设置会改变原始图形的大小。

【提示】传统倒角文本的倒角值的设置如下。

(1)起始轮廓可以是任意值,通常为 0.0。

(2)级别 1 的轮廓为正值。

(3)级别 2 的轮廓为 0.0,相对于级别 1 没有变化。

(4)级别 3 的轮廓是级别 1 的负值,将级别 3 的轮廓恢复到起始轮廓大小。

案例6 "倒角"修改器——立体文字

完成文件	...\场景文件\3\"倒角"修改器\立体文字(完成).max
参考文件	...\场景文件\3\"倒角"修改器\立体文字(参考).max
关键技术	"倒角"修改器
完成图	

参考图	

【操作步骤】

（1）将单位设置为"毫米"。

（2）在前视图中创建"文本"样条线 Text001，如图 3-60 所示。

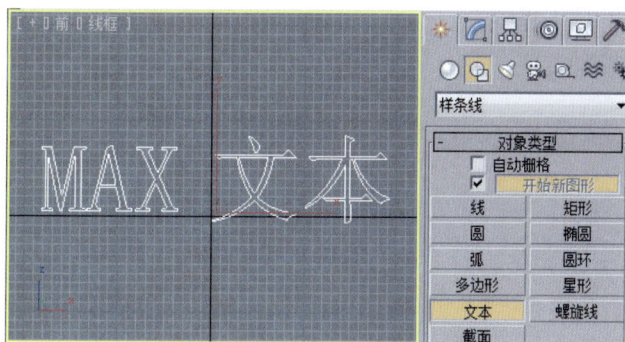

图 3-60　创建文本

（3）选择文本 Text001，切换到"修改"选项卡，在"参数"卷展栏中将"文本"组中的"MAX 文本"修改为"青海湖"，设置"大小"为 3000.0mm、"字体"设置为"黑体"，如图 3-61 所示。

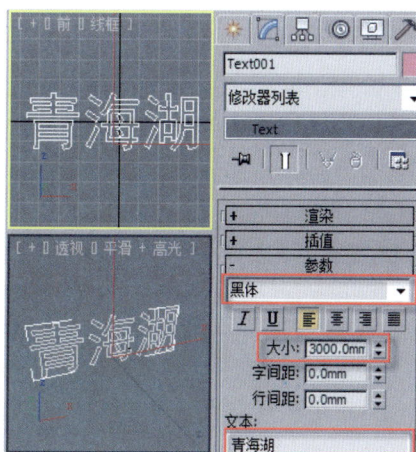

图 3-61　设置文本及其大小

（4）给文本添加"倒角"修改器。在"倒角值"卷展栏下，勾选"级别 2"复选框，设置"高度"为 500.0mm；勾选"级别 3"复选框，设置"高度"为 50.0mm，"轮廓"为−30.0mm；在"级别 1"组中设置"高度"为 50.0mm，"轮廓"为 30.0mm，如图 3-62 所示。

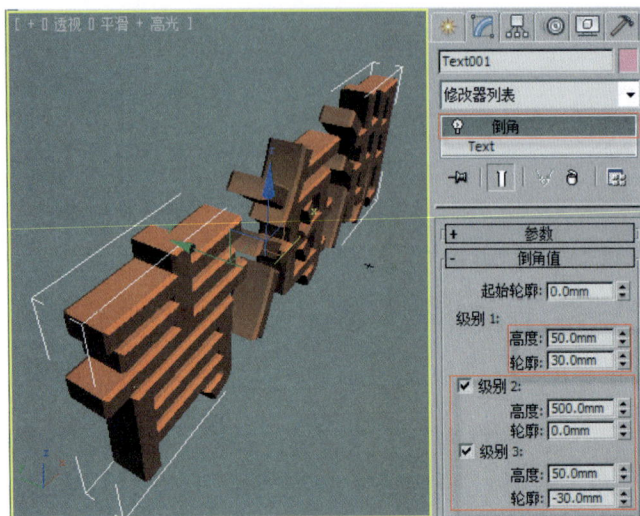

图 3-62　添加"倒角"修改器

【提示】"级别 2"的"轮廓"为 0，"级别 3"的"轮廓"为负值。

（5）单击"渲染"按钮，观察效果图，如图 3-63 所示。

图 3-63　效果图

3.2.4　"倒角剖面"修改器

"倒角剖面"修改器使用另一个图形路径作为倒角截剖面挤出图形，它是倒角修改器的一种变量，如图 3-64 所示。

"倒角剖面"修改器最重要的参数是"拾取剖面"，如图 3-65 所示。

拾取剖面：选中一个图形，用于剖面路径。

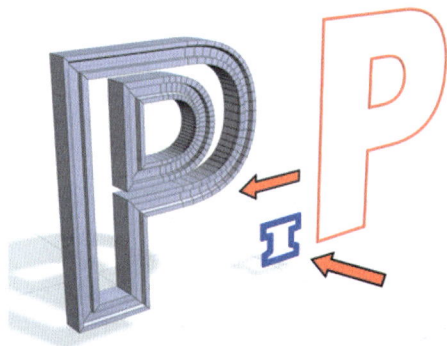

图 3-64 "倒角剖面"修改器的应用　　　　　图 3-65 "倒角剖面"参数

案例7 "倒角剖面"修改器——茶几

原始文件	...\场景文件\3\"倒角剖面"修改器\茶几.max
完成文件	...\场景文件\3\"倒角剖面"修改器\茶几(完成).max
参考文件	...\场景文件\3\"倒角剖面"修改器\茶几(参考).max
关键技术	"倒角剖面"修改器
参考图	

【操作步骤】

（1）将单位设置为"毫米"。

（2）在顶视图创建矩形，命名为"桌面轮廓"，在"修改"选项卡的"参数"卷展栏中设置"长度"和"宽度"为 100.0mm，如图 3-66 所示。

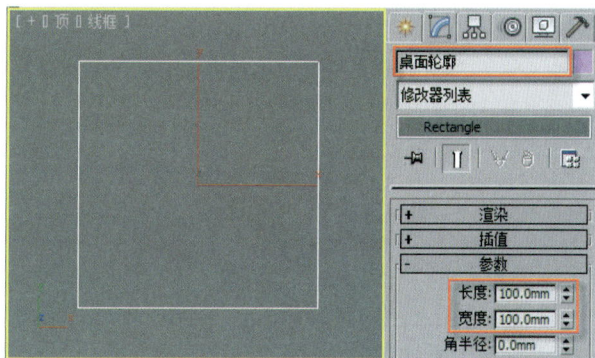

图 3-66 创建"桌面轮廓"

（3）在顶视图使用"线"创建多边形，命名为"桌腿轮廓01"，在"修改"选项卡下进入"顶点"子层级，适当调节顶点位置，如图3-67所示。

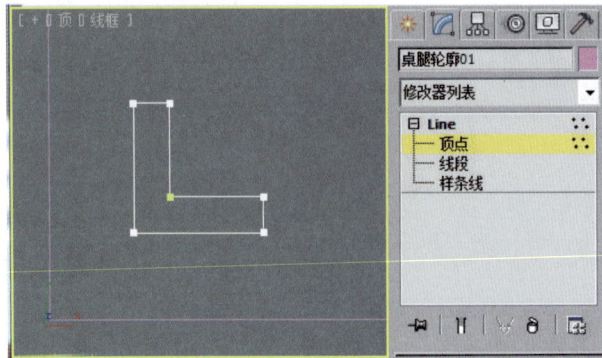

图3-67　创建"桌腿轮廓01"

（4）在顶视图选择"桌腿轮廓01"，单击 █（镜像）按钮，在弹出的"镜像：屏幕 坐标"对话框中选择X轴和"实例"，调整"偏移值"为87.58mm，单击"确定"按钮复制一个对象，命名为"桌腿轮廓02"，如图3-68所示。

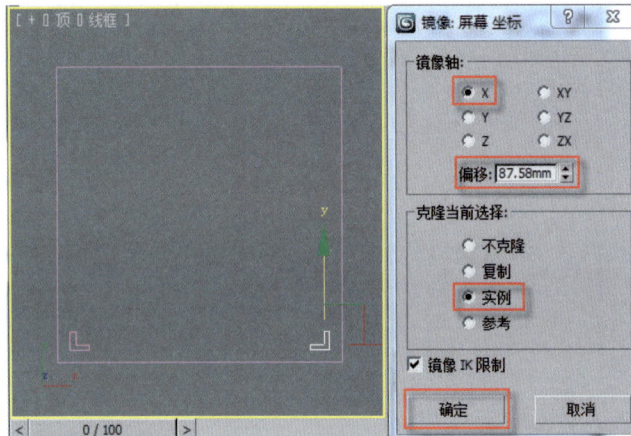

图3-68　"镜像"实例复制"桌腿轮廓02"

（5）用同样的方法分别选择Y轴和XY平面，复制"桌腿轮廓03"和"桌腿轮廓04"，如图3-69所示。

（6）在前视图使用"线"创建多边形，命名为"桌面剖面"，在"修改"选项卡下进入"顶点"子层级，适当调节顶点位置，如图3-70所示。

（7）在前视图使用"线"创建多边形，命名为"桌腿剖面"，在"修改"选项卡下进入"顶点"子层级，适当调节顶点位置，如图3-71所示。

（8）完成图形的创建，如图3-72所示。

【提示】可参考文件"…\场景文件\3\'倒角剖面'修改器\茶几.max"。

（9）在透视图中选择"桌面轮廓"对象，添加"倒角剖面"修改器，在"参数"卷展栏下单击"拾取剖面"按钮，在透视图中拾取"桌面剖面"对象，如图3-73所示。

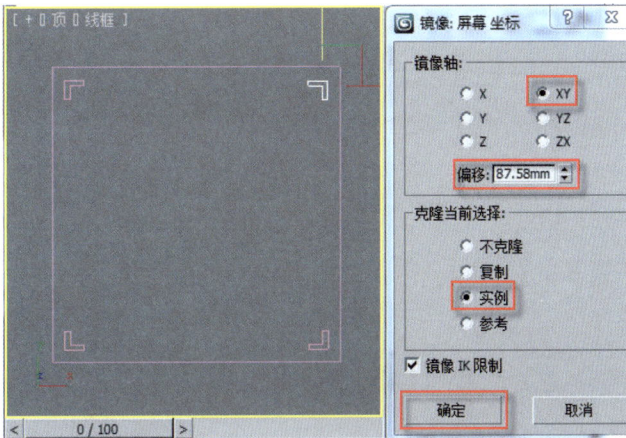

图 3-69　复制"桌腿轮廓 04"

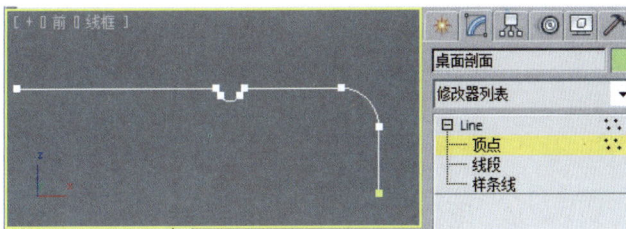

图 3-70　使用"线"创建"桌面剖面"

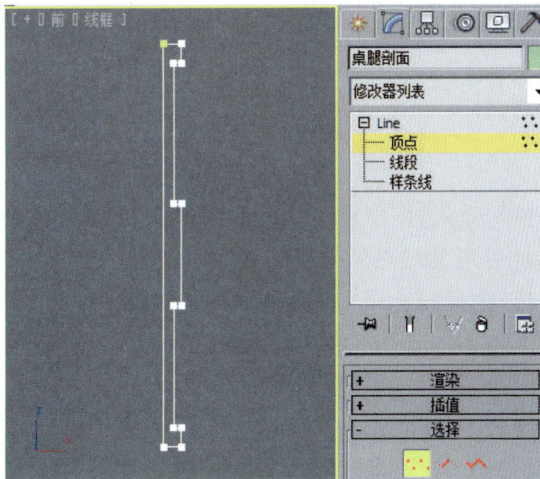

图 3-71　使用"线"创建"桌腿剖面"

65

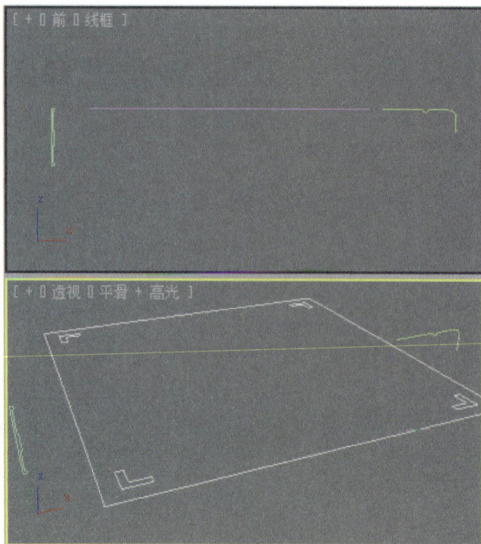

图 3-72　完成图形创建

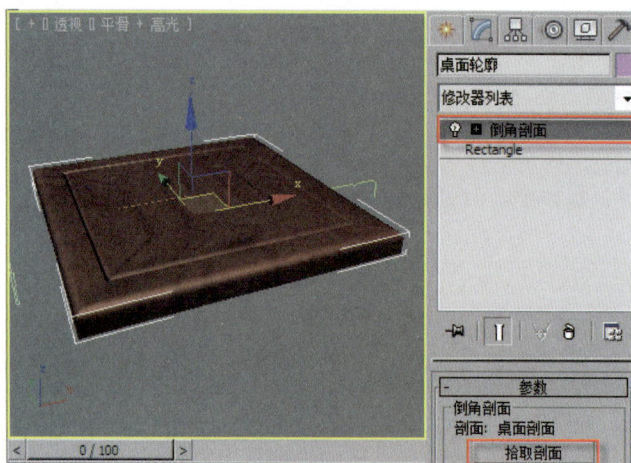

图 3-73　添加"倒角剖面"修改器

【提示】为了加强视觉效果,图中已为"桌面轮廓"添加了材质贴图,有关材质贴图的内容将在第 7 章讲解,此处可忽略材质贴图。

（10）在顶视图中选择"桌腿轮廓 01"对象,添加"倒角剖面"修改器,在"参数"卷展栏下单击"拾取剖面"按钮,在透视图中拾取"桌腿剖面"对象,如图 3-74 所示。

（11）单击"渲染"按钮,观察效果图,如图 3-75 所示。

【提示】为了改善材质贴图效果,图中已为"桌面轮廓"和"桌腿轮廓"添加了"UVW贴图"修改器,有关"UVW 贴图"修改器的内容将在第 7 章讲解,此处可忽略"UVW 贴图"修改器。

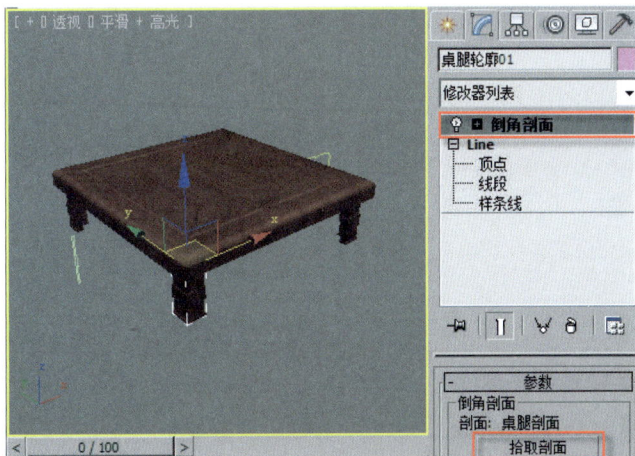

图 3-74 添加"倒角剖面"修改器

图 3-75 效果图

思考与练习

（1）样条线的顶点类型有哪些？各有何特点？

（2）将多个图形"附加"在一起，然后使用"挤出"修改器，如果挤出的对象出现扭曲现象，请问可能是由于什么原因造成的？

（3）一般来说，具有什么特点的对象可使用"车削"修改器创建？

（4）使用"车削"修改器创建对象时，什么情况下需要勾选"翻转法线"复选框？

（5）能否使用"倒角"修改器完全替代"挤出"修改器实现挤出功能？

（6）在使用"倒角剖面"修改器创建一条茶几腿时，为什么会自动创建其他 3 条腿？

第4章 三维对象修改器

- 掌握"弯曲""锥化""扭曲""融化""FFD（长方体）""噪波""法线"修改器的使用方法。
- 了解"壳""补洞"和"网格平滑"修改器的使用方法。

三维对象修改器作用于几何体对象，其种类繁多，正确掌握各种三维对象修改器的使用方法可以极大地提高三维建模的效率。

本章主要介绍"弯曲""锥化""扭曲""融化""FFD（长方体）""噪波""法线"修改器。

4.1 "弯曲"修改器

"弯曲"修改器可以将对象绕 X、Y 或者 Z 轴弯曲 360°。可以设置弯曲的角度和方向，可以对几何体的一段进行限制弯曲，如图 4-1 所示。

"弯曲"修改器的主要参数包括"弯曲"组、"弯曲轴"组和"限制"组，如图 4-2 所示。

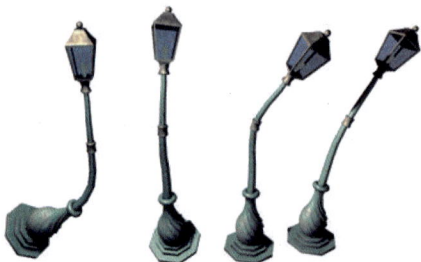

图 4-1 "弯曲"修改器的应用

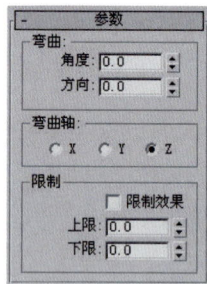

图 4-2 "弯曲"修改器的参数

（1）"弯曲"组。
- 角度：从顶点平面设置要弯曲的角度。
- 方向：设置弯曲相对于水平面的方向。

（2）"弯曲轴"组。

X/Y/Z：指定要弯曲的轴。

（3）"限制"组。

- 限制效果：将限制约束应用于弯曲效果。
- 上限：设置对象弯曲的上部边界。
- 下限：设置对象弯曲的下部边界。

案例 8 "弯曲"修改器——竹竿

原始文件	...\场景文件\4\"弯曲"修改器\竹竿.max
完成文件	...\场景文件\4\"弯曲"修改器\竹竿（完成）.max
参考文件	...\场景文件\4\"弯曲"修改器\竹竿（参考）.max
关键技术	"弯曲"修改器、弯曲的"角度"和"方向"的参数设置
参考图	

本案例的目的是通过"弯曲"修改器使场景中的竹竿发生弯曲，从而使竹竿尖端刚好与细线顶端接触，创建竹竿通过细线吊着苹果的效果。

【操作步骤】

（1）打开教材配套资源文件"...\场景文件\4\"弯曲"修改器\竹竿.max"，如图 4-3 所示。

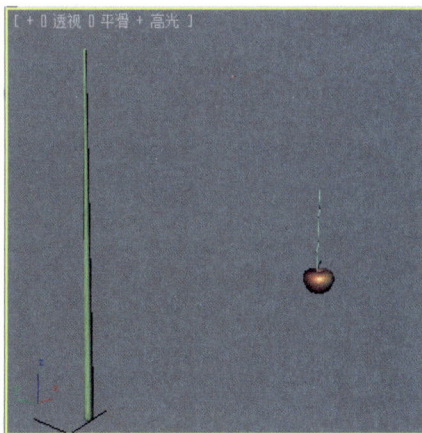

图 4-3 初始场景

【提示】初始场景已经创建了"竹竿""细线""苹果"等对象。

（2）在前视图选择"竹竿"对象，添加"弯曲（Bend）"修改器。

（3）在"参数"卷展栏下的"弯曲轴"组中选择 Z 选项。在"弯曲"组中调节"角度"右侧的██(微调)按钮,直到竹竿顶端和细线上端处于同一高度为止,或者直接输入"角度"值 87.5,如图 4-4 所示。

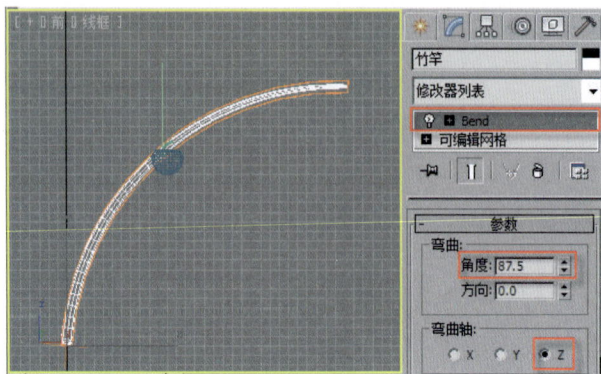

图 4-4　添加"弯曲"修改器并设置"弯曲轴"和"角度"的值

（4）在"弯曲"组中调节"方向"右侧的██(微调)按钮,直到竹竿顶端和细线上端处于同一位置为止,或者直接输入"方向"值 71.5,如图 4-5 所示。

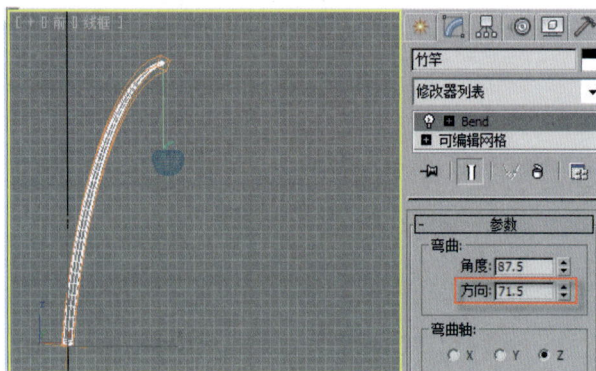

图 4-5　设置"方向"值

（5）在 4 个视图中观察竹竿顶端与细线上端的接触情况,并适当调节"角度"和"方向"的值,直到满意为止,如图 4-6 所示。

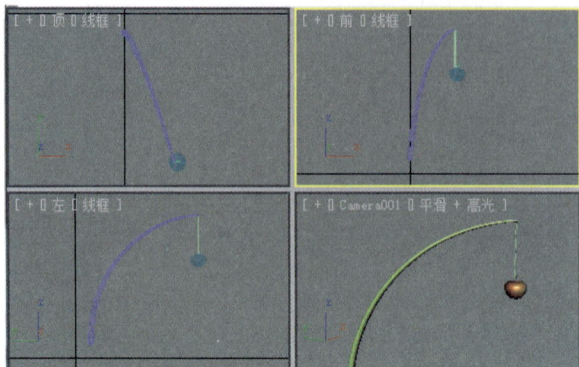

图 4-6　调节"角度"和"方向"的值

（6）单击"渲染"按钮，观察效果图，如图4-7所示。

图4-7 效果图

4.2 "锥化"修改器

"锥化"修改器通过缩放几何体的两端产生锥化轮廓，可以控制锥化的量和曲线；也可以对几何体的一段进行限制锥化，如图4-8所示。

"锥化"修改器的主要参数包括"锥化"组和"锥化轴"组，如图4-9所示。

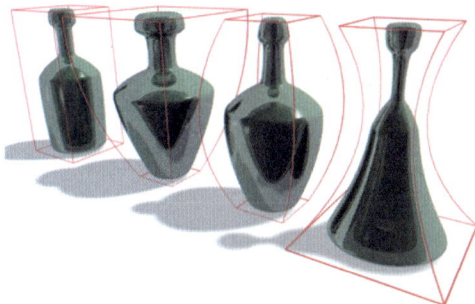

图4-8 "锥化"修改器的应用

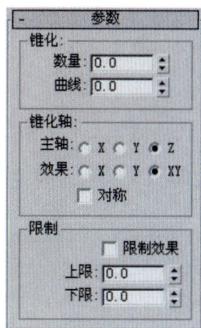

图4-9 "锥化"修改器的参数

（1）"锥化"组。
- 数量：缩放扩展的末端。
- 曲线：对锥化侧面应用曲率。正值产生向外的曲线，负值产生向内的曲线。

（2）"锥化轴"组。
- 主轴：锥化的中心轴或中心线为X、Y或Z。
- 效果：用于表示主轴上的锥化方向的轴或轴对。

案例9 "锥化"修改器——机械手底座

原始文件	...\场景文件\4\"锥化"修改器\机械手底座.max
完成文件	...\场景文件\4\"锥化"修改器\机械手底座（完成）.max

参考文件	...\场景文件\4\"锥化"修改器\机械手底座(参考).max
关键技术	"锥化"修改器、"锥化"的数量和曲线参数
参考图	

本案例的目的是先为机械手创建一个圆柱形底座，然后通过"锥化"修改器使"底座"发生变形，产生上端较细、下端较粗的形状。

【操作步骤】

(1) 打开教材配套资源文件"...\场景文件\4\"锥化"修改器\机械手底座.max"。

【提示】场景中已经创建了机械手除"底座"之外的其他部件，如图 4-10 所示。

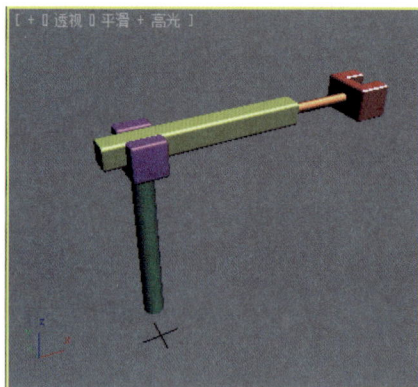

图 4-10 原始场景

(2) 在顶视图创建一个圆柱体(cylinder)，命名为"底座"。切换到"修改"选项卡，设置"半径"为 180.0mm、"高度"为 580.0mm、"高度分段"为 5。在顶视图和前视图适当调节"底座"的位置和高度，如图 4-11 所示。

(3) 给"底座"添加"锥化(Taper)"修改器，在"参数"卷展栏下的"锥化"组中设置"数量"为−0.64、"曲线"为−0.8。在"锥化轴"组中选择"主轴"为 Z、"效果"为 XY，如图 4-12 所示。

(4) 单击"渲染"按钮，观察效果图，如图 4-13 所示。

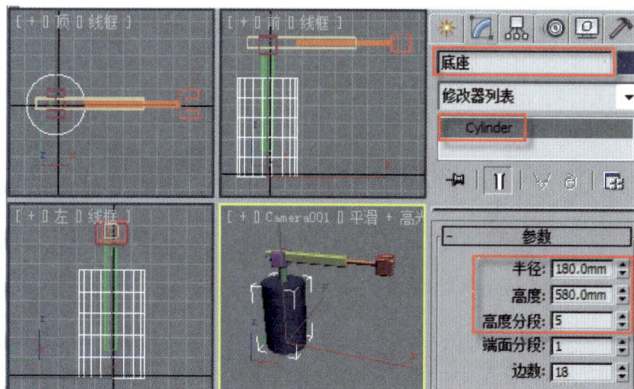

图 4-11　创建圆柱体

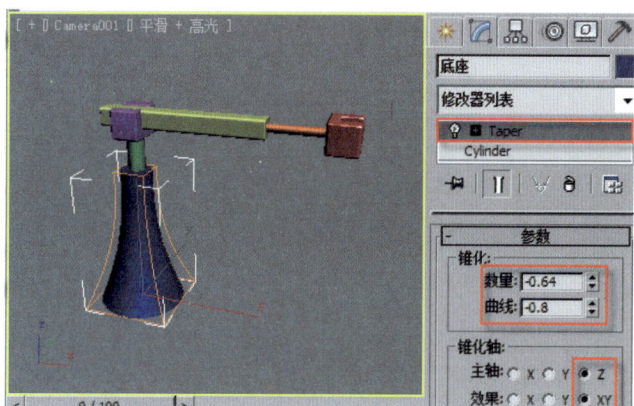

图 4-12　添加"锥化"修改器并设置参数

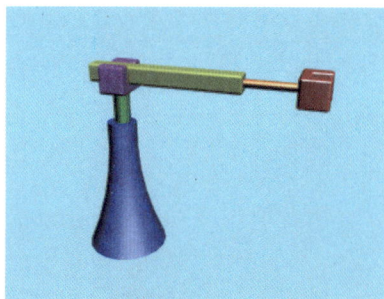

图 4-13　效果图

4.3 "扭曲"修改器

"扭曲"修改器可以使几何体产生旋转扭曲的效果，如图 4-14 所示。

"扭曲"修改器的主要参数包括"扭曲"组、"扭曲轴"组和"限制"组，如图 4-15 所示。

图 4-14 "扭曲"修改器的应用

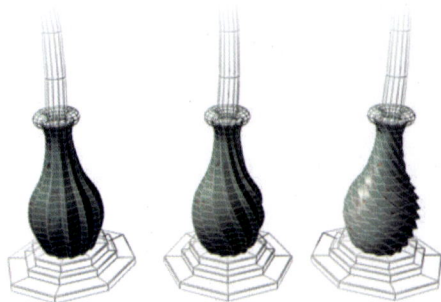

图 4-15 "扭曲"修改器的参数

（1）"扭曲"组。

- 角度：确定围绕垂直轴扭曲的量。
- 偏移：使扭曲旋转在对象的任意末端聚集；如果参数为 0，则进行均匀扭曲。

（2）"扭曲轴"组。

X/Y/Z：指定执行扭曲时所沿的轴。

（3）"限制"组。

限制效果：仅对上下限之间的顶点应用扭曲效果。

"融化"修改器可以使几何体产生融化的效果。

案例 10 "扭曲"修改器——冰淇淋

原始文件	...\场景文件\4\"扭曲"修改器\冰淇淋.max
完成文件	...\场景文件\4\"扭曲"修改器\冰淇淋(扭曲完成).max
完成文件	...\场景文件\4\"扭曲"修改器\冰淇淋(融化完成).max
参考文件	...\场景文件\4\"扭曲"修改器\冰淇淋(参考).max
关键技术	"扭曲"修改器以及"角度"和"扭曲轴"设置，"融化"修改器以及融化"数量""融化百分比"形态和"融化轴"设置
参考图	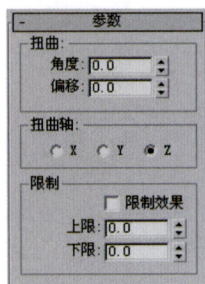

本案例的目的是给冰淇淋对象添加"扭曲"修改器和"融化"修改器，使其发生变形，产生扭曲和融化效果。

【操作步骤】

（1）打开教材配套资源文件"...\场景文件\4\"扭曲"修改器\冰淇淋.max"。

【提示】场景中已经创建了"杯子"和"冰淇淋"对象，"冰淇淋"对象是在样条线 Star 的基础上先添加"挤出"修改器，然后添加"锥化"修改器形成的，如图 4-16 所示。

图 4-16　初始场景

（2）在前视图选择"冰淇淋"对象，切换到"修改"选项卡，添加"扭曲（Twist）"修改器。在"参数"卷展栏下的"扭曲"组中设置"角度"值为 300.0。在"扭曲轴"组中选择 Z 选项，如图 4-17 所示。

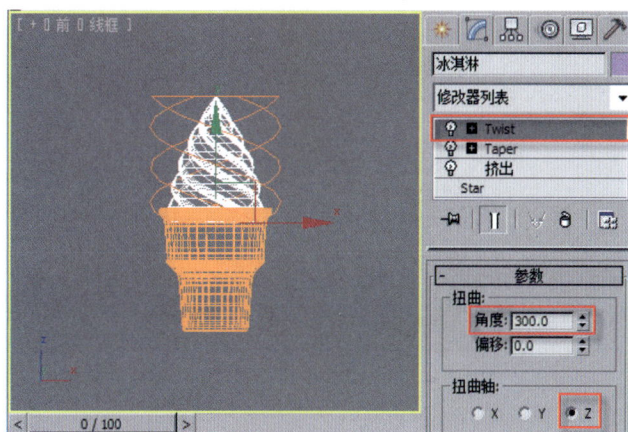

图 4-17　添加"扭曲"修改器并设置参数

（3）单击"渲染"工具，观察效果图，如图 4-18 所示。

【提示】冰淇淋比较容易融化，从而产生向下扩散的效果，可通过添加"融化"修改器实现这种效果。

（4）在前视图选择"冰淇淋"，切换到"修改"选项卡，添加"融化"修改器。在"参数"卷展栏下的"融化"组中设置"数量"值为 20.0。在"扩散"组中设置"融化百分比"为 100.0；在"固态"组中选择"冻胶"选项；在"融化轴"组中选择 Z 选项，如图 4-19 所示。

（5）单击"渲染"按钮，观察效果图，如图 4-20 所示。

图 4-18　扭曲效果图

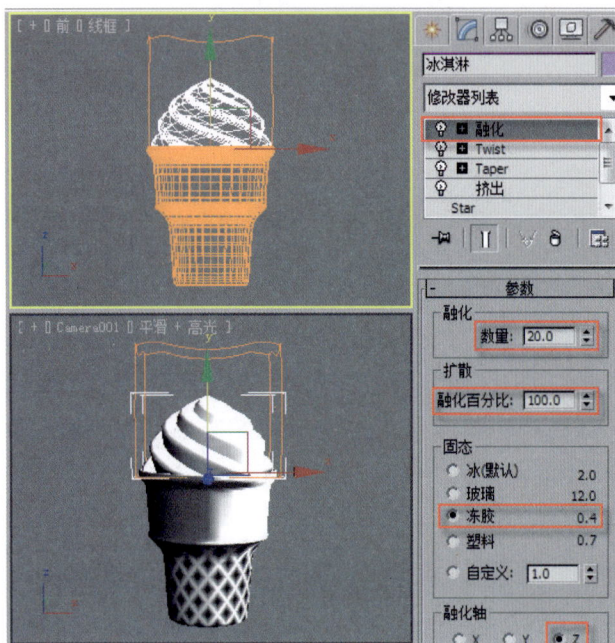

图 4-19　添加"融化"修改器并设置参数

图 4-20　融化效果图

4.4 "FFD(长方体)"修改器

FFD 是自由形式变形的简称。FFD 修改器使用晶格框包围几何体,通过调整晶格的控制点改变封闭几何体的形状。FFD 修改器分为"FFD(长方体)"修改器和"FFD(圆柱体)"修改器,二者均可以自由设置点数。

案例11 "FFD(长方体)"修改器——抱枕1

原始文件	...\场景文件\4\FFD 修改器\抱枕.max
完成文件	...\场景文件\4\FFD 修改器\抱枕(完成).max
参考文件	...\场景文件\4\FFD 修改器\抱枕(参考).max
关键技术	FFD 修改器、"控制点"子层级
参考图	

本案例的目的是在圆角长方体的基础上使用 FFD 修改器创建抱枕。

【操作步骤】

(1) 打开教材配套资源文件"...\场景文件\4\FFD 修改器\抱枕.max"。

【提示】场景中已经创建了一个切角长方体(ChamferBox),命名为"抱枕",并设置了"长度""宽度""高度""圆角度"的值及其分段值。为了使用 FFD 修改器改变"抱枕"的形状,设置的"长度分段""宽度分段""高度分段"的值不能太小,如图 4-21 所示。

(2) 在前视图选择抱枕对象,切换到"修改"选项卡。在堆栈中单击选择 ChamferBox,在其上方添加"FFD(长方体)"修改器。在"FFD 参数"卷展栏下单击"设置点数"按钮,在弹出的"设置 FFD 尺寸"对话框中设置"长度""宽度""高度"分别为 5、5 和 3,如图 4-22 所示。

(3) 进入"FFD(长方体)"的"控制点"子层级,按住 Ctrl 键,在顶视图框选"抱枕"对象四周的所有控制点,然后在前视图使用 ▦(选择并均匀缩放)工具沿 Y 轴缩小四周的高度,如图 4-23 所示。

(4) 进入"FFD(长方体)"的"控制点"子层级,按住 Ctrl 键,在顶视图框选"抱枕"对象 4 个角的所有控制点,然后在顶视图使用 ▦(选择并均匀缩放)工具沿 XY 平面放大 4 个角的长度或宽度,如图 4-24 所示。

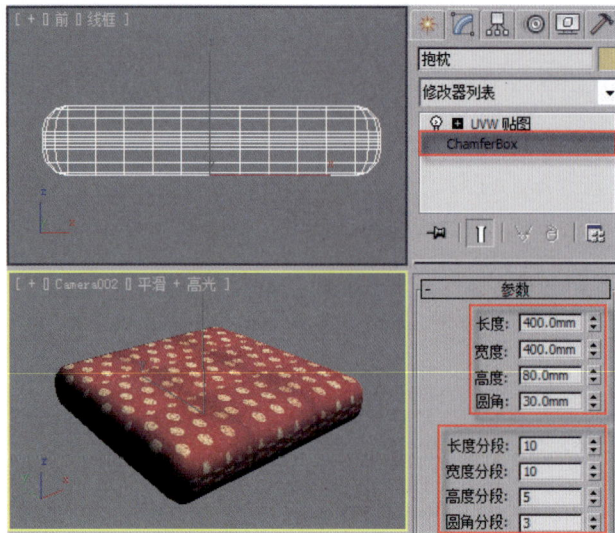

图 4-21　原始场景

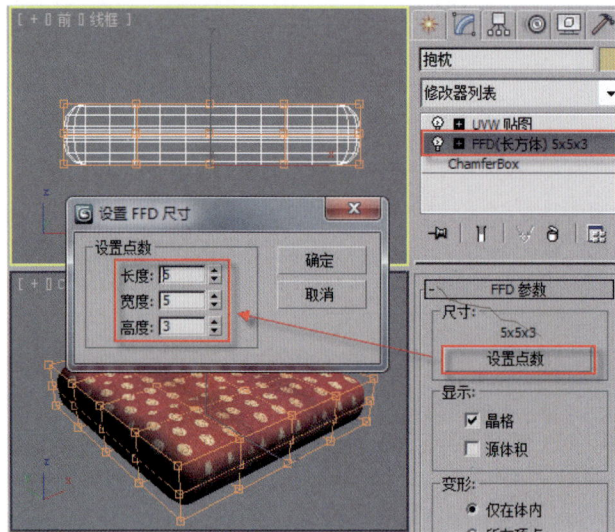

图 4-22　添加"FFD（长方体）"修改器并设置点数

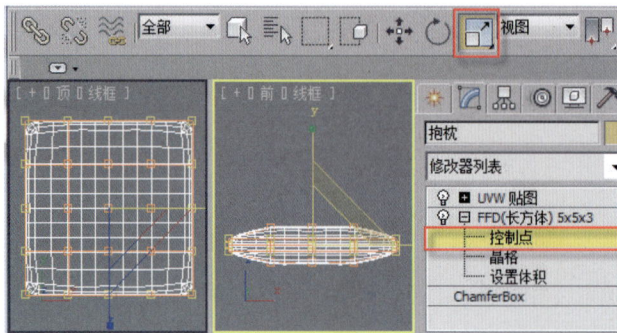

图 4-23　缩小四周的高度

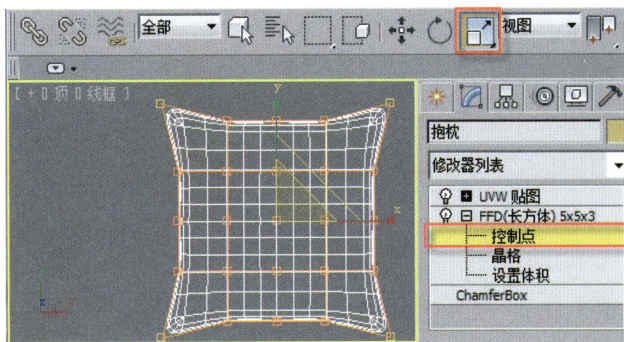

图 4-24　放大 4 个角的长度或宽度

（5）单击"渲染"按钮，观察效果图，如图 4-25 所示。

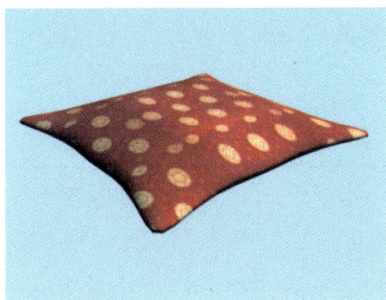

图 4-25　效果图

4.5　"噪波"修改器

　　"噪波"修改器可以沿 3 个轴调整对象顶点的位置，它是模拟对象形状随机变化的重要动画工具。使用分形设置可以得到随机的涟漪图案，也可以用平面创建多山地形，如图 4-26 所示。

图 4-26　"噪波"修改器的应用

"噪波"修改器的主要参数包括"噪波"组、"强度"组和"动画"组,如图 4-27 所示。

（1）"噪波"组。

• 种子：从设置的数中随机生成一个起始点。

• 比例：设置噪波影响（不是强度）的大小。

（2）"强度"组。

X、Y、Z：沿着 3 条轴的方向设置噪波效果的强度；至少要为一个轴输入值才能产生噪波效果。

（3）"动画"组。

• 动画噪波：勾选时可调节"噪波"和"强度"参数的组合效果。

• 频率：设置正弦波的周期。

• 相位：移动基本波形的开始点和结束点。

图 4-27 "噪波"修改器的参数

案例 12 "噪波"修改器——海面

原始文件	...\场景文件\4\"噪波"修改器\海面.max
完成文件	...\场景文件\4\"噪波"修改器\海面(完成).max
关键技术	"噪波"修改器、"噪波"比例和强度设置
参考图	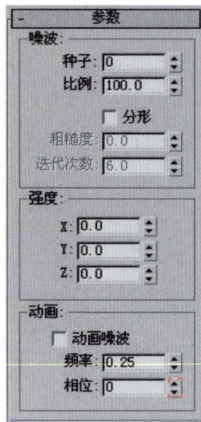

本案例的目的是在圆柱体的基础上添加"噪波"修改器以产生海浪效果。

【操作步骤】

（1）打开教材配套资源文件"...\场景文件\4\"噪波"修改器\海面.max"。

【提示】场景中已经创建了一个圆柱体（cylinder），命名为"海面"，其参数如图 4-28 所示。另外，为了增强表现效果，"海面"已设置材质贴图，场景中还设置了灯光和摄影机，相关内容将在后续章节介绍。

（2）单击"渲染"按钮，观察原始效果图，如图 4-29 所示。

【提示】"海面"原始场景中虽然没有给"海面"对象添加"噪波"修改器，但效果图中已能看到"海面"的波纹效果，这是通过"噪波"贴图实现的。有关"噪波"贴图的使用方法请参阅相关内容。

（3）选择"海面"对象，切换到"修改"选项卡。在堆栈中添加"噪波（Noise）"修改器。

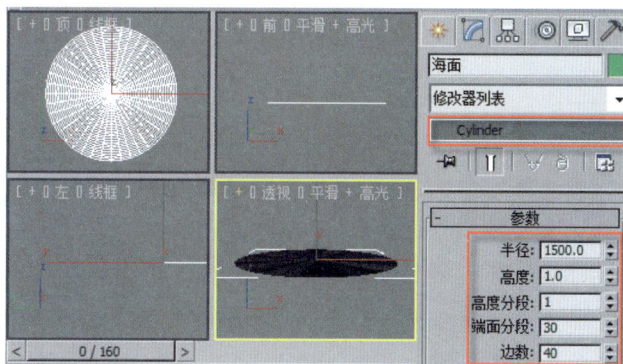

图 4-28 "海面"原始场景

在"参数"卷展栏下的"噪波"组中设置"比例"为100.0,在"强度"组中设置 Z 值为 40.0,如
图 4-30 所示。

图 4-29 原始效果图

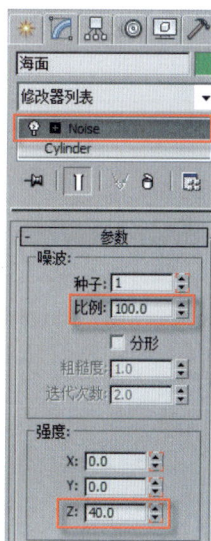

图 4-30 设置"噪波"修改器

【提示】添加"噪波"修改器后,"海面"对象将产生比较明显的波浪效果。

（4）单击"渲染"按钮,观察"噪波"效果图,如图 4-31 所示。可以修改"比例"值和 Z
值的大小,观察海浪的不同效果。

图 4-31 "噪波"效果图

4.6 "法线"修改器

"法线"修改器可以翻转对象的法线，主要用于设计内部空间。

"法线"修改器的主要参数包括"统一法线"和"翻转法线"，如图 4-32 所示。

- 统一法线：勾选时，通过翻转法线统一对象的法线，这样所有法线都会指向同样的方向，通常是向外；默认设置为不启用。

- 翻转法线：翻转对象全部面的法线方向；默认设置为启用。

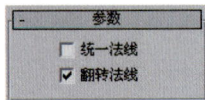

图 4-32 "法线"修改器的参数

【提示】"统一法线"对于可编辑的多边形对象无效，在应用"法线"修改器之前，要将模型转换为可编辑网格。

案例 13 "法线"修改器——球天模型

原始文件	...\场景文件\4\"法线"修改器\球天模型.max
完成文件	...\场景文件\4\"法线"修改器\球天模型(完成).max
关键技术	"法线"修改器、背面消隐
参考图	

本案例的目的是在球体的基础上添加"法线"修改器以创建球天模型。

【操作步骤】

（1）打开教材配套资源文件"...\场景文件\4\"法线"修改器\球天模型.max"。

【提示】场景中已经创建了一个大型广场和一个球天模型。其中，球天模型是使用标准基本体"球体"创建的半球，用来模拟球形天空，并已经赋予天空贴图。球天模型几乎罩住整个广场对象，如图 4-33 所示。

（2）将透视图切换到摄影机 Camera001 视图，进入球天模型内部，现在可观察广场对象，如图 4-34 所示。

【提示】观察球天模型的颜色，发现其不再显示天空贴图，而是显示为灰色。

（3）单击"渲染"按钮，观察 Camera001 视图的效果图，如图 4-35 所示。

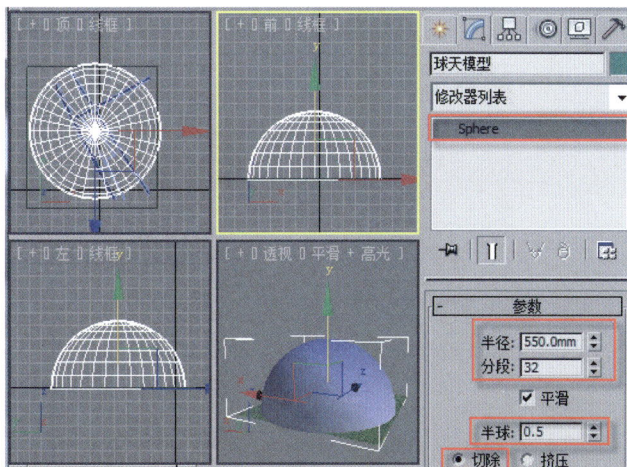

图 4-33 原始球天模型

图 4-34 摄影机 Camera001 视图

图 4-35 Camera001 视图的效果图

【提示】渲染 Camera001 视图时发现天空显示为黑色,也没有显示半球上的天空贴图,这是因为球天模型的法线垂直球面向外,只有在球天模型的外部才能显示天空贴图,内部无法显示。

(4)选择球天模型,切换到"修改"选项卡,添加"法线"修改器。发现 Camera001 视图中的球天模型已经可以显示天空贴图,如图 4-36 所示。

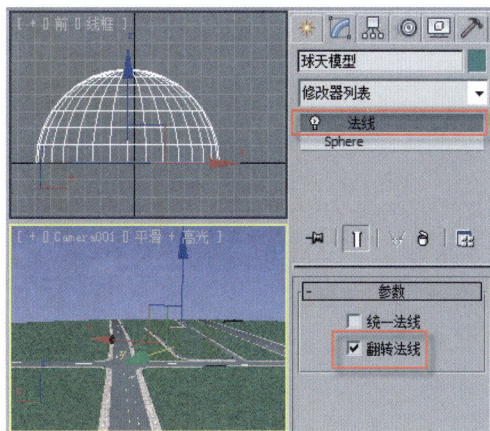

图 4-36 添加"法线"修改器

（5）单击"渲染"按钮，观察 Camera001 视图的效果图，如图 4-37 所示。

图 4-37　添加"法线"后的效果图

（6）在透视图中选择球天模型对象，右击打开快捷菜单，选择"对象属性"命令，打开"对象属性"对话框，勾选"背面消隐"复选框，如图 4-38 所示。

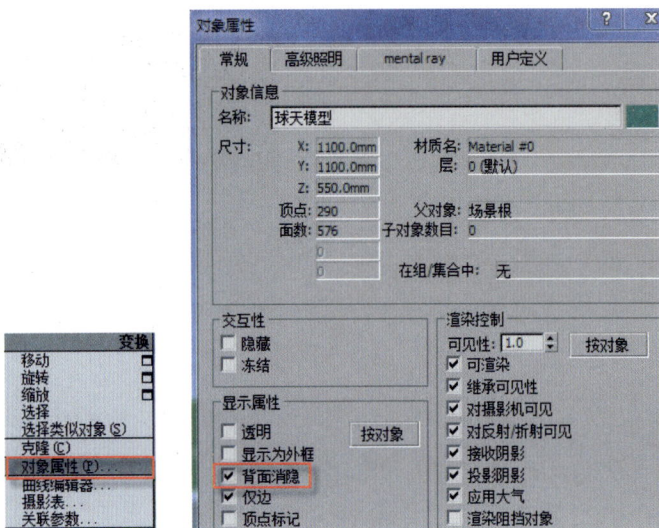

图 4-38　设置"背面消隐"

【提示】勾选"背面消隐"复选框后，从不同方向、不同距离观察"广场"时，视线都不会被球天模型的正面遮挡，如图 4-39 所示。

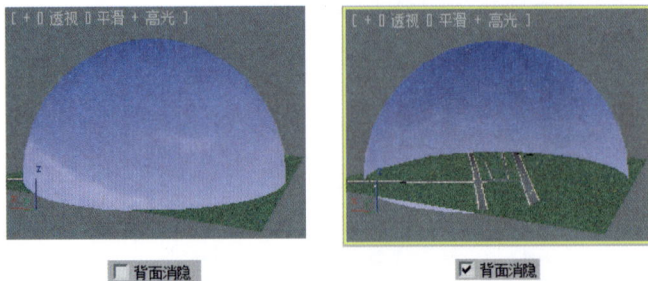

图 4-39　是否勾选"背面消隐"复选框效果的比较

思考与练习

（1）添加"弯曲"修改器使对象发生弯曲时，如何控制发生弯曲的范围？

（2）给对象添加 FFD 修改器后，如果使用"控制点"无法使对象自由变形，那么最可能的原因是什么？

（3）只使用"噪波"修改器创建的对象有何特点？

（4）一般在什么情况下需要给对象添加"法线"修改器？

（5）在"对象属性"中勾选"背面消隐"复选框有什么作用？

第 5 章　复合对象

图 5-1　复合对象

- 掌握复合对象"布尔"和 ProBoolean(超级布尔)的使用方法。
- 掌握复合对象"放样"及其"缩放""扭曲""倾斜""倒角""拟合"命令的使用方法。

复合对象通常可以将两个或多个现有对象组合成单个对象。复合对象的类型有 12 种：变形、散布、一致、连接、水滴网格、图形合并、布尔、地形、放样、网格化、ProBoolean 和 ProCutter,如图 5-1 所示。

5.1　布尔

布尔对象通过对两个对象执行布尔操作将它们组合起来,经过布尔操作后的两个对象可以变为一个对象。

布尔操作有 5 种：并集、交集、差集(A－B)、差集(B－A)、切割(包括优化、分割、移除内部和移除外部),如图 5-2 所示。

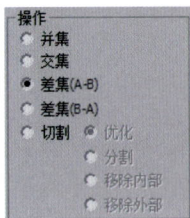

图 5-2　布尔操作

实训 14　布尔操作

完成文件	...\场景文件\5\布尔.max
关键技术	布尔操作：并集、交集、差集(A－B)、差集(B－A)、切割(包括优化、分割、移除内部和移除外部)

实训内容	（1）在场景中创建一个长方体 Box001 和一个球体 Sphere001。 （2）选择长方体 Box001,在 ◎（创建）｜"复合对象"的"对象类型"卷展栏下单击 布尔 按钮。 （3）在"拾取布尔"卷展栏下单击"拾取操作对象 B"按钮,在视图中拾取球体 Sphere001 对象。 （4）在"参数"卷展栏下,分别选择并集、交集、差集(A－B)、差集(B－A)、切割(包括优化、分割、移除内部和移除外部)选项,观察对象的变化
原始图	
参考图 "并集"	
参考图 "交集"	
参考图 "差集(A－B)"	

参考图 "差集(B−A)"	
参考图 "切割(优化)"	
参考图 "切割(移除内部)"	
参考图 "切割(移除外部)"	

案例 14 "布尔"建模——脸盆

原始文件	...\场景文件\5\布尔\脸盆.max
完成文件	...\场景文件\5\布尔\脸盆(完成).max
参考文件	...\场景文件\5\布尔\脸盆(参考).max
关键技术	"布尔"复合对象、差集
参考图	

【操作步骤】

（1）将单位设置为"毫米"。

（2）在顶视图创建一个切角长方体（ChamferBox）命名为"脸盆"。切换到"修改"选项卡，设置"长度"为 500.0mm、"宽度"为 800.0mm、"高度"为 200.0mm、"圆角"为 20.0mm，如图 5-3 所示。

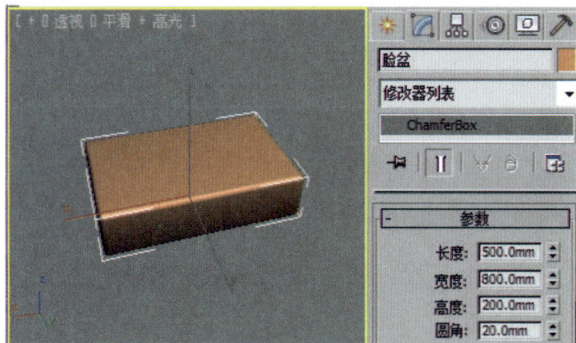

图 5-3　创建切角长方体

（3）在顶视图创建一个球体 Sphere001 对象。切换到"修改"选项卡，设置"半径"为 150.0mm。使用 (选择并均匀缩放)工具调整球体的形状，如图 5-4 所示。

（4）在透视图中选择"脸盆"对象，在 (创建)|"复合对象"的"对象类型"卷展栏下单击 布尔 按钮，如图 5-5 所示。

（5）在"拾取布尔"卷展栏下单击"拾取操作对象 B"按钮，在视图中拾取球体 Sphere001 对象。在"参数"卷展栏下选择"差集（A－B）"选项，如图 5-6 所示。

（6）在顶视图创建一个圆柱体 Cylinder001，设置"半径"为 30.0mm、高度为 400.0mm，如图 5-7 所示。

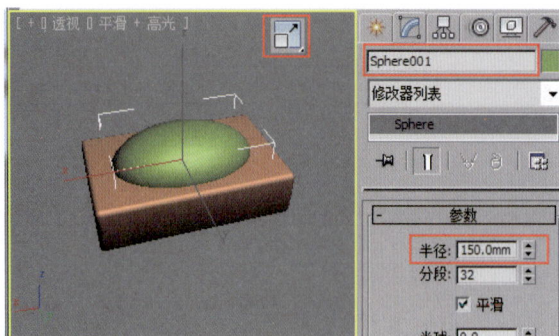

图 5-4　创建球体并调整形状

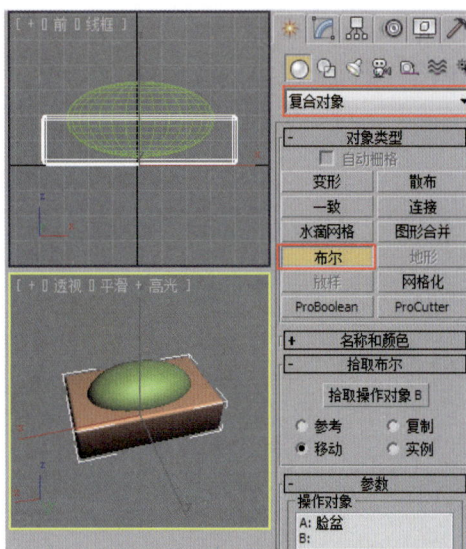

图 5-5　使用"布尔"

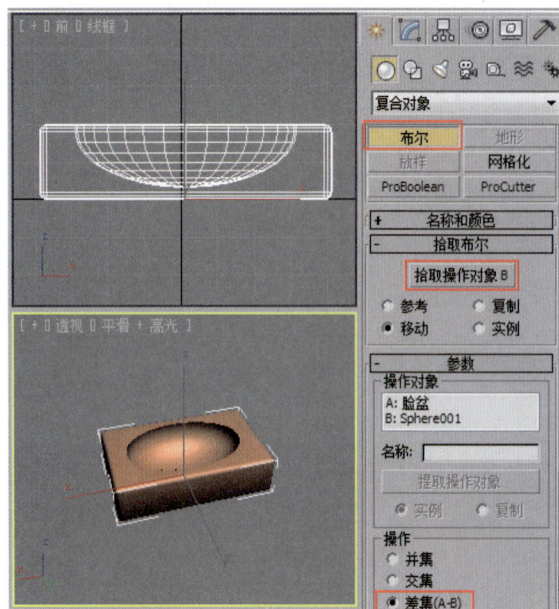

图 5-6　拾取布尔对象并选择操作方式

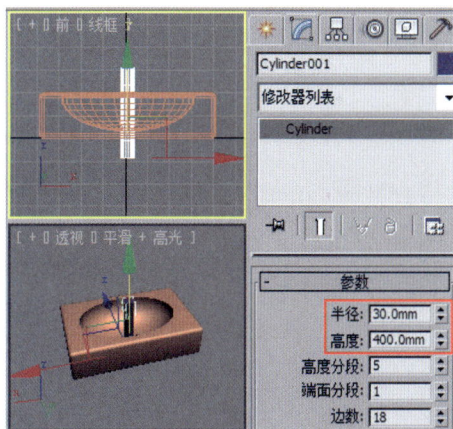

图 5-7 创建圆柱体

（7）通过同样的方法，使用布尔的"差集"操作给脸盆底部"打孔"，如图 5-8 所示。

（8）单击"渲染"按钮，观察效果图，如图 5-9 所示。

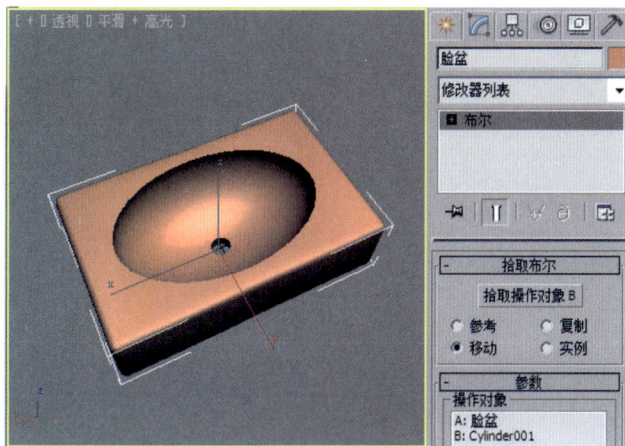

图 5-8 再次使用"布尔"

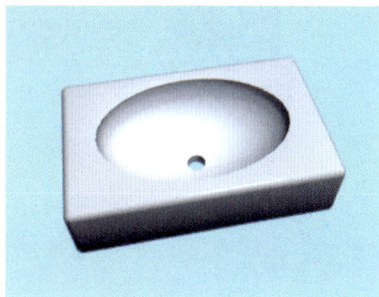

图 5-9 脸盆效果图

5.2 ProBoolean（超级布尔）

ProBoolean（超级布尔）是布尔的改进，它可以一次性对多个对象进行布尔操作，其运算包括并集、交集、差集、合集、附加（无交集）、插入、盖印和切面，如图 5-10 所示。

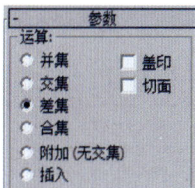

图 5-10 ProBoolean 运算

5.3 放样

放样是指沿着路径挤出二维图形,从而创建三维对象。沿着一条路径可以挤出多个图形,从而创建复杂的三维对象,如图 5-11 所示。

"放样"的主要操作包括"创建方法"设置、"路径参数"设置和"变形"命令,如图 5-12 所示。

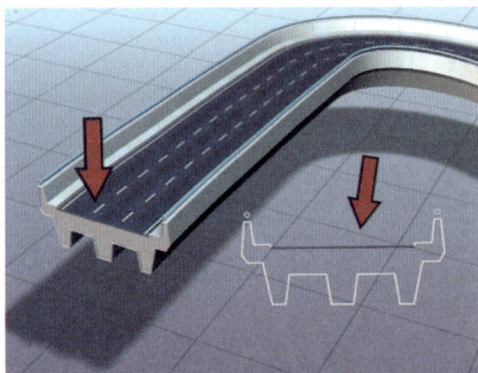

图 5-11 "放样"复合对象的应用

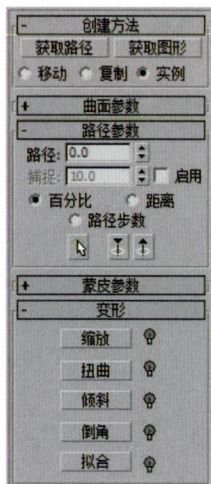

图 5-12 "放样"的主要操作

(1)"创建方法"卷展栏。

• 获取路径:使用"获取路径"创建放样。

• 获取图形:使用"获取图形"创建放样。

(2)"路径参数"卷展栏。

• 路径:通过输入值设置路径的级别。

• 百分比:将路径级别表示为路径总长度的百分比;"百分比"为默认选项。

(3)"变形"卷展栏。

• 缩放:沿放样路径缩放图形。

• 扭曲:沿放样路径扭曲图形。

• 倾斜:沿放样路径倾斜图形。

• 倒角:沿放样路径形成倒角。

• 拟合:使用两条"拟合"曲线定义对象的顶部和侧剖面。

案例 15 "放样"建模——瓷瓶

原始文件	...\场景文件\5\放样\瓷瓶.max
完成文件	...\场景文件\5\放样\瓷瓶(完成).max
参考文件	...\场景文件\5\放样\瓷瓶(参考).max

关键技术	"放样"复合对象
参考图	

【操作步骤】

（1）打开教材配套资源文件"…\场景文件\5\放样\瓷瓶.max"。

【提示】场景中已经创建了一条路径 Line01 以及 5 个图形 Circle01、Circle02、Circle03、Circle04 和 Ellipse01，如图 5-13 所示。

（2）在透视图中选择路径 Line01，在 ⊙（创建）|"复合对象"的"对象类型"卷展栏下单击"放样"按钮。确认"路径参数"卷展栏下的"路径"值默认为 0.0，并选择"百分比"选项。单击"创建方法"卷展栏下的"获取图形"按钮使其处于激活状态，在透视图中单击图形 Ellipse01，如图 5-14 所示。

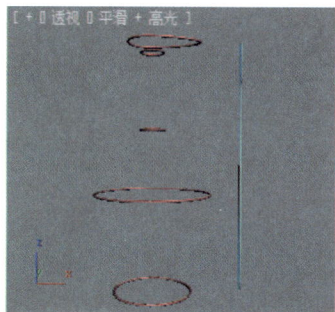

图 5-13 原始场景

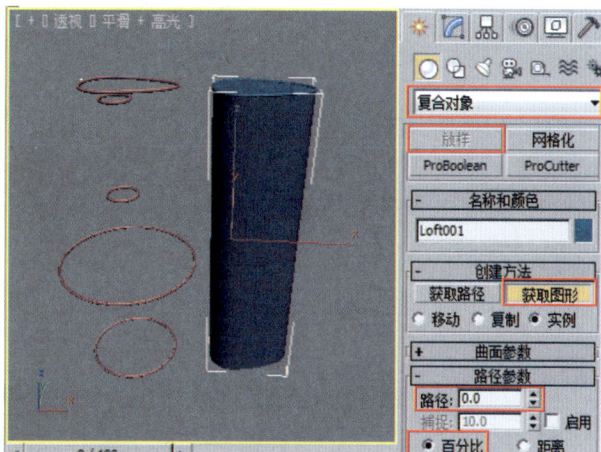

图 5-14 获取图形 Ellipse01 放样

（3）将"路径参数"卷展栏下的"路径"值设置为 10.0，按 Enter 键确认。单击"创建方法"卷展栏下的"获取图形"按钮使其处于激活状态，在透视图中单击图形 Circle04，如图 5-15 所示。

（4）用同样的方法，分别将"路径参数"卷展栏下的"路径"值设置为 40.0、60.0 和 100.0，按 Enter 键确认。单击"创建方法"卷展栏下的"获取图形"按钮使其处于激活状态，在透视图中分别单击图形 Circle03、Circle02 和 Circle01。放样结果如图 5-16 所示。

（5）单击"渲染"按钮，观察效果图，如图 5-17 所示。

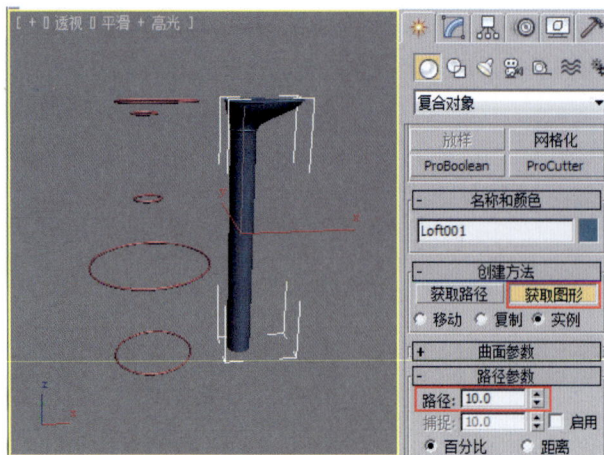

图 5-15　获取图形 Circle04 放样

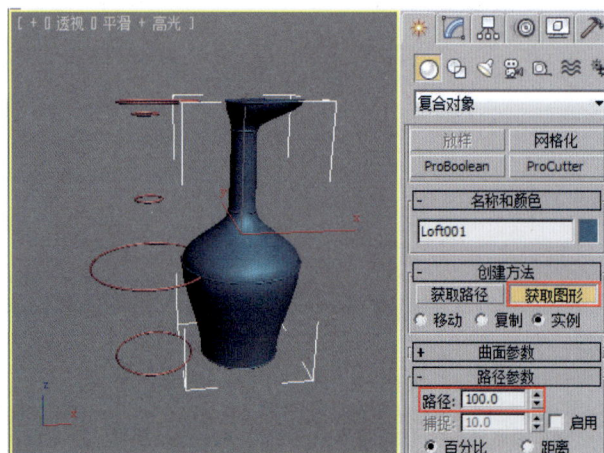

图 5-16　完成放样

图 5-17　效果图

案例 16 "放样"变形 1(缩放/扭曲/倾斜/倒角)——螺丝钉

原始文件	...\场景文件\5\放样\变形\螺丝钉.max
完成文件	...\场景文件\5\放样\变形\螺丝钉(完成).max
参考文件	...\场景文件\5\放样\变形\螺丝钉(参考).max
关键技术	"放样"复合对象,"缩放"变形、"扭曲"变形、"倾斜"变形、"倒角"变形
参考图 (缩放、扭曲)	

打开教材配套资源文件"...\场景文件\5\放样\变形\螺丝钉.max",如图 5-18 所示。

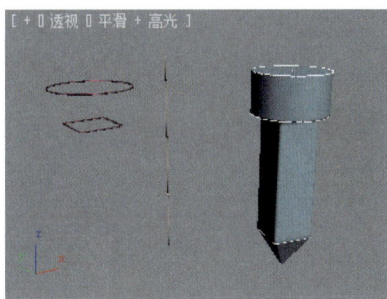

图 5-18　原始文件

【提示】场景中已经放样生成了"螺丝钉"对象。

1. "缩放"变形

(1) 在透视图中选择放样生成的螺丝钉对象 Loft01,切换到"修改"选项卡,在"变形"卷展栏下单击"缩放"按钮,打开"缩放变形"窗口,如图 5-19 所示。

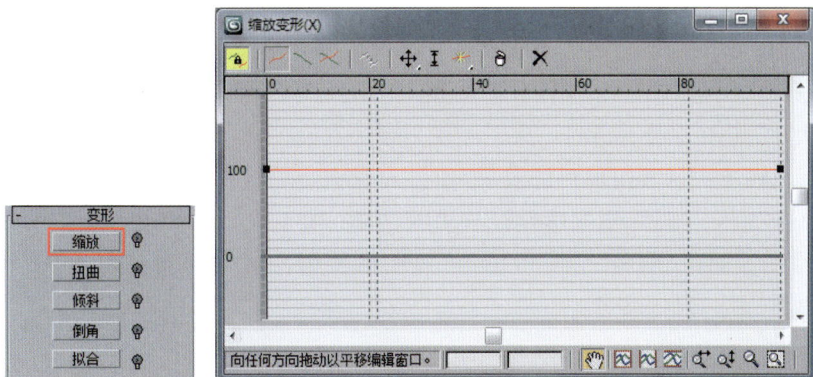

图 5-19　"缩放变形"窗口

（2）单击 或者 ![图标](插入 Bezier 点)按钮，在曲线上插入两个点，然后使用 工具调整点的位置，改变缩放的位置和大小，如图 5-20 所示。

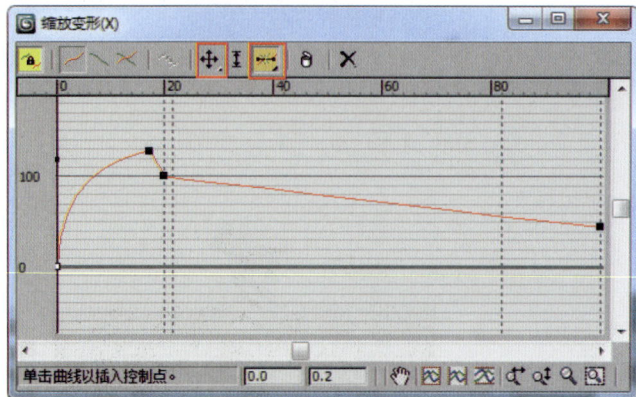

图 5-20　插入并调整缩放点的位置和大小

（3）在透视图中观察缩放后的效果，如图 5-21 所示。

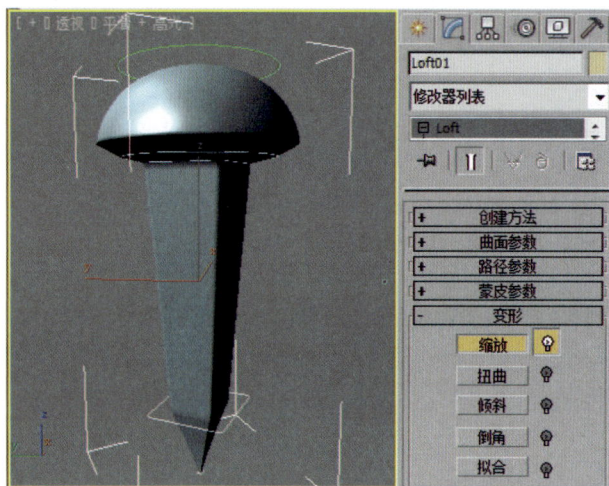

图 5-21　缩放效果

2. "扭曲"变形

（1）在"变形"卷展栏下单击 ![扭曲] 按钮，打开"扭曲变形"窗口。单击 按钮，在曲线上插入一个点，然后使用 工具调整点的位置，改变扭曲的位置和大小，如图 5-22 所示。

（2）在透视图中观察扭曲后的效果，如图 5-23 所示。

（3）单击"渲染"按钮，观察螺丝钉效果图，如图 5-24 所示。

【提示】为了讲解"倾斜"变形和"倒角"变形的使用，下面补充介绍螺丝钉的倾斜和倒角效果的制作方法，仅供参考。

3. "倾斜"变形

（1）在"变形"卷展栏下单击 ![倾斜] 按钮，打开"倾斜变形"对话框。单击 ![图标](插入

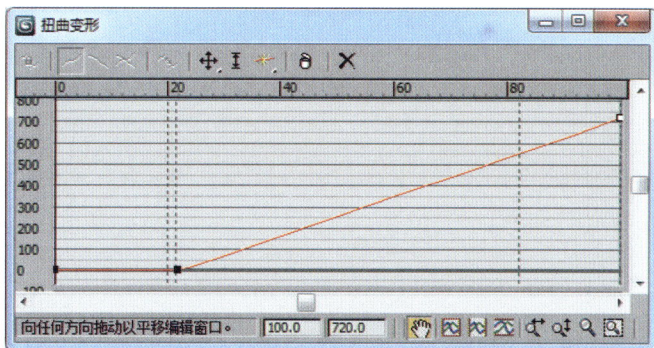

图 5-22 插入并调整扭曲点的位置和大小

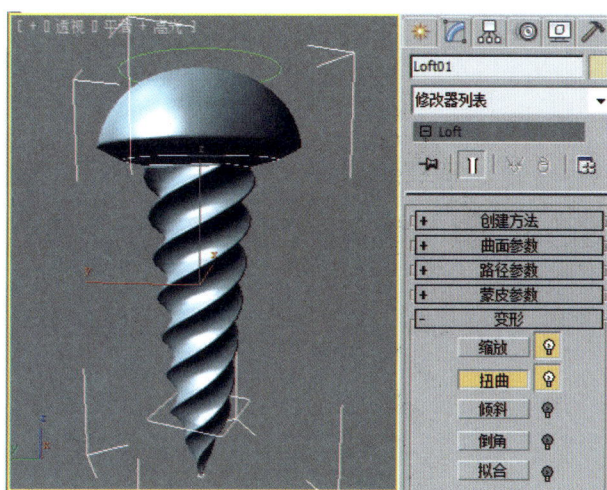

图 5-23 扭曲效果

图 5-24 螺丝钉效果图

Bezier 点)按钮,在曲线上插入一个点,然后使用 ⊕ (移动控制点)工具调整点的位置,改变倾斜的位置和形状,如图 5-25 所示。

(2)在透视图中观察倾斜后的效果,如图 5-26 所示。

4."倒角"变形

(1)在"变形"卷展栏下单击 倒角 按钮,打开"倒角变形"对话框。单击 ⊕ (插入

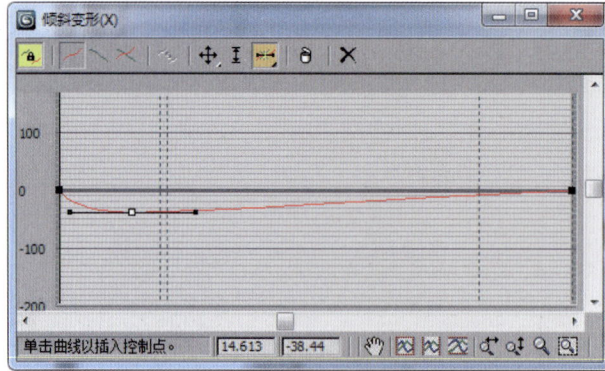

图 5-25　插入并调整倾斜点的位置和形状

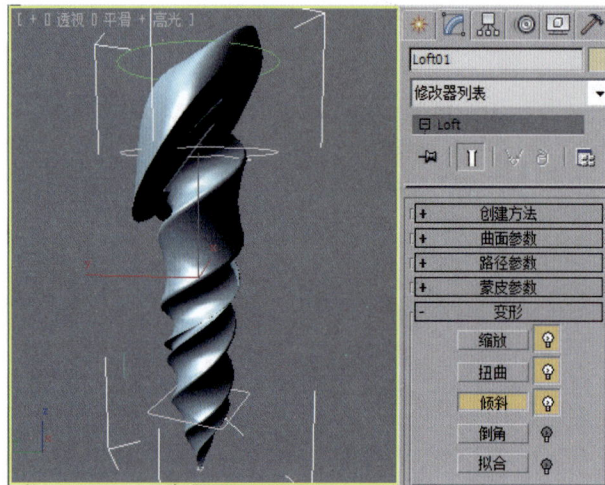

图 5-26　螺丝钉倾斜效果

Bezier 点）按钮，在曲线上插入一个点，然后使用 ✛ （移动控制点）工具调整点的位置，改变倒角的位置和形状，如图 5-27 所示。

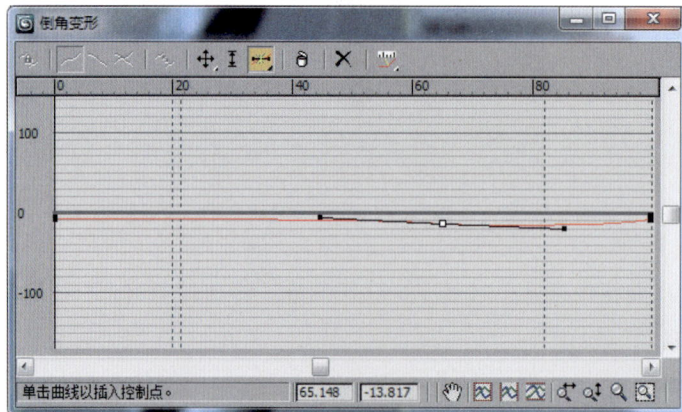

图 5-27　插入并调整倒角点的位置和形状

（2）在透视图中观察倒角后的效果，如图 5-28 所示。

图 5-28　螺丝钉的倒角效果

案例 17　"放样"变形 2（拟合）——乒乓球球拍

原始文件	…\场景文件\5\放样\变形\乒乓球球拍.max
完成文件	…\场景文件\5\放样\变形\乒乓球球拍（完成）.max
参考文件	…\场景文件\5\放样\变形\乒乓球球拍（参考）.max
关键技术	"放样"复合对象、"拟合"变形
参考图	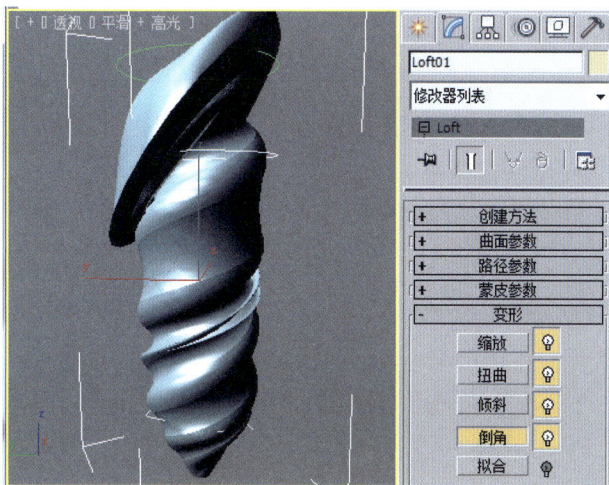

打开教材配套资源文件"…\场景文件\5\放样\变形\乒乓球球拍.max"，如图 5-29 所示。

【提示】场景中已经创建了放样生成乒乓球球拍所需的路径 Line02 以及所有图形 Line01、Circle01、Rectangle01 和 Rectangle02。

1. 放样

（1）在透视图中选择路径 Line02，在 （创建）|"复合对象"的"对象类型"卷展栏下单击"放样"按钮。确认"路径参数"卷展栏下的"路径"值默认为 0.0，并选择"百分比"选项。在"创建方法"卷展栏下单击"获取图形"按钮，然后在透视图中单击图形 Circle01，如

图 5-30 所示。

图 5-29　原始文件

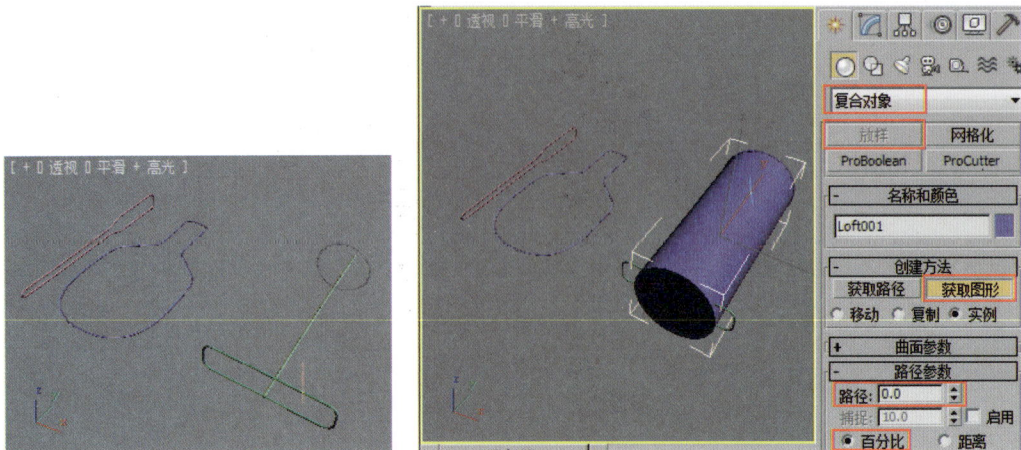

图 5-30　获取图形 Circle01 放样

（2）将"路径参数"卷展栏下的"路径"值设置为 44.0，按 Enter 键确认。单击"创建方法"卷展栏下的"获取图形"按钮使其处于激活状态，在透视图中单击图形 Rectangle02，如图 5-31 所示。

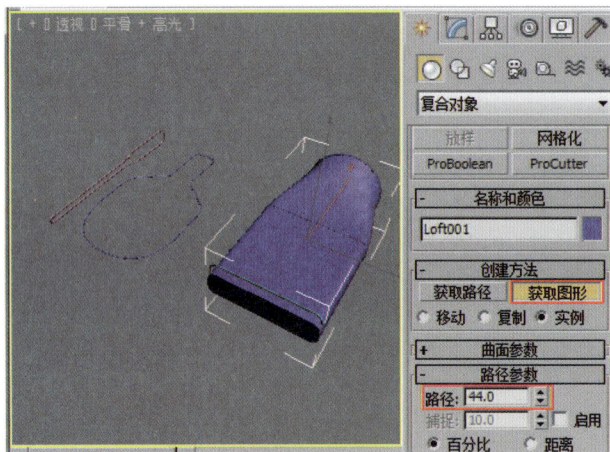

图 5-31　获取图形 Rectangle02 放样

2. "拟合"变形

（1）切换到"修改"选项卡，在"变形"卷展栏下单击"拟合"按钮，打开"拟合变形"窗口，如图 5-32 所示。

（2）单击 🔒（均衡）按钮，取消均衡。确保 ⟋（显示 X 轴）被激活，单击 ⟱（获取图形）按钮，在透视图中选择 Line01。单击 ⟳⟲（旋转）按钮和 ⊡（最大化显示）按钮调整显示，如图 5-33 所示。

（3）同时观察透视图场景，如图 5-34 所示。

图 5-32　"拟合变形"窗口

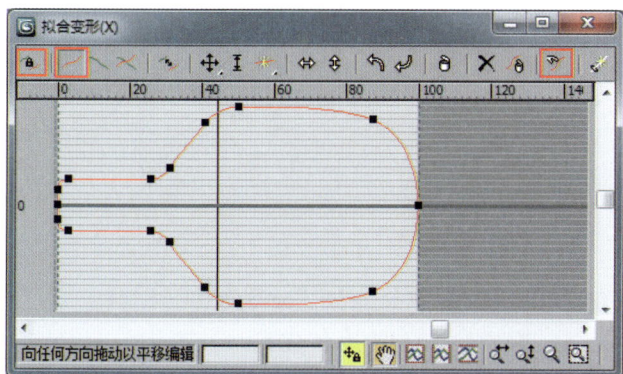

图 5-33　在 X 轴方向获取图形拟合并调整显示方向和大小

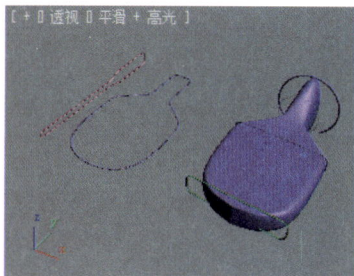

图 5-34　X 轴方向的拟合结果

（4）单击激活 （显示 Y 轴）按钮，单击 （获取图形）按钮，在透视图中选择 Rectangle01，如图 5-35 所示。

（5）同时观察透视图场景，如图 5-36 所示。

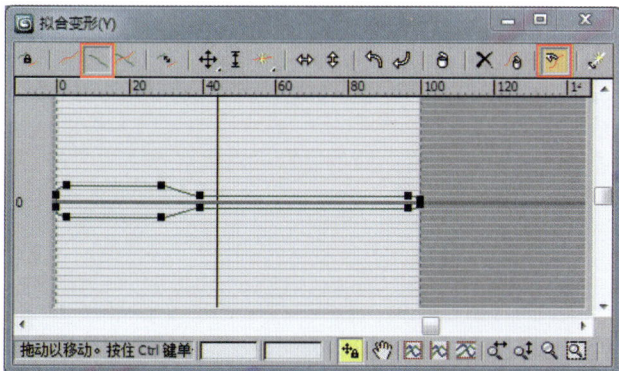

图 5-35　在 Y 轴方向获取图形拟合

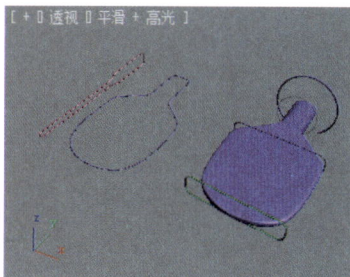

图 5-36　Y 轴方向的拟合结果

（6）单击 （显示 XY 平面）按钮，使用 （移动控制点）按钮调整乒乓球球拍的形状，如图 5-37 所示。

（7）单击"渲染"按钮，观察效果图，如图 5-38 所示。

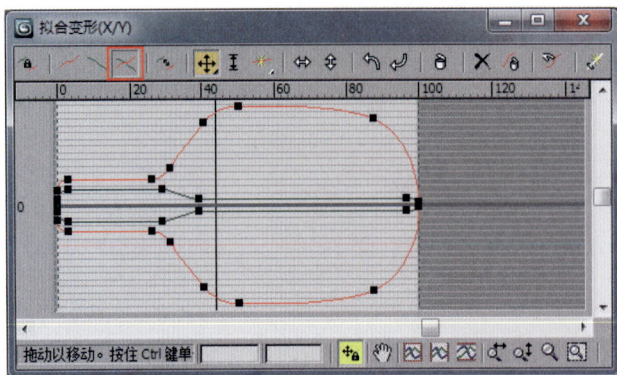

图 5-37　调整乒乓球球拍的形状

图 5-38　效果图

【提示】修改器的种类繁多，读者可参考有关资料了解更多的修改器，特别是"壳""补洞""网格平滑"等修改器。

思考与练习

（1）两个对象执行布尔"并集"操作和两个对象执行"成组"命令有何区别？

（2）与"布尔"相比，使用 ProBoolean（超级布尔）建模有何优势？

（3）使用"放样"建模时，如何判断放样的起点（路径的起点）？

（4）使用"放样"建模时，应该在什么情况下执行拟合变形？

（5）使用"倒角剖面"修改器建模和使用"放样"建模有何相似之处？

第6章　曲面建模

【教学目标】
- 了解曲面建模的种类和方式。
- 熟练掌握多边形建模的方法。
- 了解网格建模、面片建模和 NURBS 建模的方法。

曲面建模比几何体(参数)建模具有更多的自由形式,可通过编辑曲面对象的子对象进行各种曲面建模。

6.1　曲面建模的种类

曲面建模的种类包括网格建模、多边形建模、面片建模和 NURBS 建模。在建筑模型的创建中,多边形建模使用得最为广泛。

曲面建模的创建方法主要有以下 4 种。

(1) 选择对象并右击,在快捷菜单中选择"转换为:"|"转换为可编辑网格"、"转换为可编辑多边形"、"转换为可编辑面片"或者"转换为 NURBS"命令,如图 6-1 所示。

(2) 选择对象,切换到 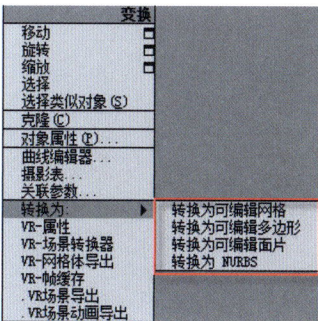(修改)面板,在"修改器列表"中选择"编辑多边形"、"编辑法线"、"编辑面片"或"编辑网格"修改器,如图 6-2 所示。

图 6-1　转换为可编辑曲面

图 6-2　曲面建模修改器

【提示】使用该方法进行曲面建模的优点是原始对象依然存在,还可以通过改变对象的原始参数修改对象。

（3）在 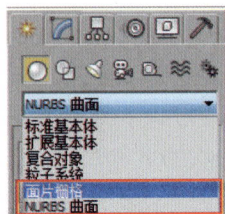 （修改）面板下选择编辑对象并右击，在快捷菜单中选择"可编辑网格""可编辑面片""可编辑多边形"或 NURBS 命令，如图 6-3 所示。

【提示】方法 3 和方法 1 的结果相同，原始对象已不存在，不能继续通过改变对象的原始参数修改对象。

（4）从 （创建）面板中直接创建"面片栅格"和"NURBS 曲面"，如图 6-4 所示。

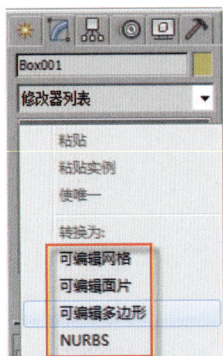

图 6-3　转换为可编辑曲面

图 6-4　"面片栅格"和"NURBS 曲面"

6.2　网格建模

可编辑网格提供由三角面组成的网格对象的操纵控制：顶点、边和面。可以将 3ds Max 中的大多数对象转换为可编辑网格。

案例 18　网格建模——石柱

完成文件	...\场景文件\2\石柱(完成).max
关键技术	"编辑网格"修改器、"挤出"命令、"倒角"命令
参考图	

【操作步骤】

（1）将单位设置为"毫米"。

（2）在顶视图创建一个长方体，命名为"石柱"。

（3）选择石柱，单击 （修改）选项卡，进入"修改"面板，修改"长度"为200.0mm、"宽度"为200.0mm、"高度"为80.0mm，如图6-5所示。

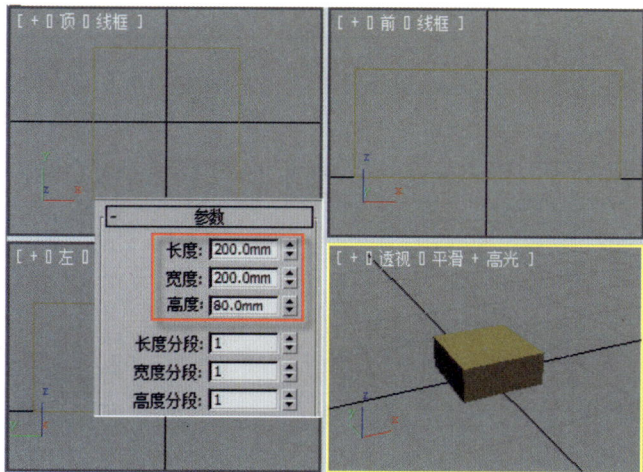

图6-5 长方体及参数

（4）给石柱添加"编辑网格"修改器，展开其子层级，选择"多边形"子层级，如图6-6所示。

（5）在透视图中选择石柱的上表面。在"挤出"按钮右侧的文本框中输入45.0mm，单击"挤出"按钮，如图6-7所示。

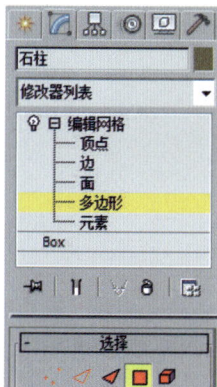

图6-6 添加"编辑网格"修改器

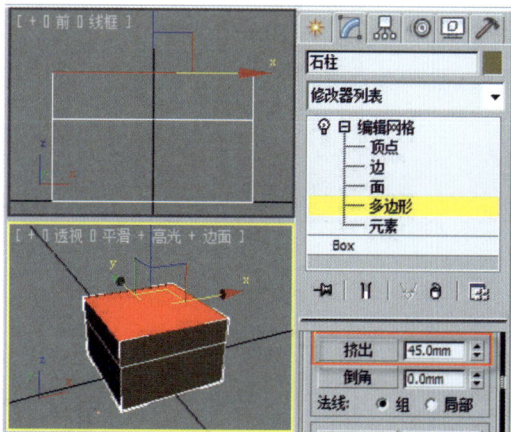

图6-7 "挤出"命令

（6）在"倒角"按钮右侧的文本框中输入-40.0mm，单击"倒角"按钮，如图6-8所示。

（7）在"挤出"按钮右侧的文本框中输入800.0mm，单击"挤出"按钮，创建石柱高度。采用同样的方法依次执行"挤出"45.0mm、"倒角"40.0mm和"挤出"80.0mm，如图6-9所示。

（8）单击"渲染"按钮，石柱效果图如图6-10所示。

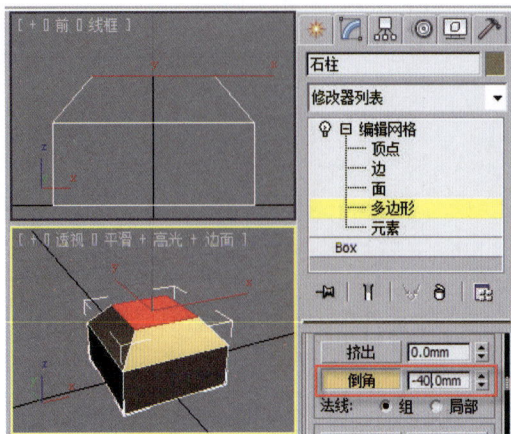

图 6-8　"倒角"命令

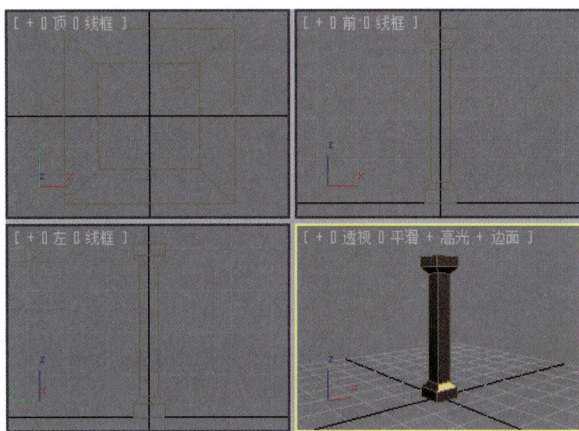

图 6-9　完成石柱

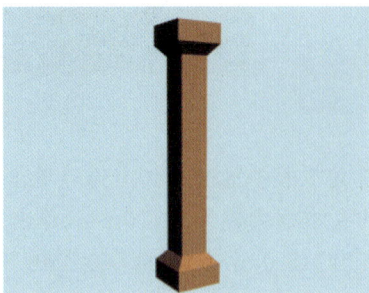

图 6-10　石柱效果图

6.3 多边形建模

可编辑多边形包含 5 个子层级：顶点、边、边界、多边形和元素，其用法与可编辑网格的用法基本相同。与三角形面不同的是，多边形对象的面是包含四边或者更多边的多边形。

6.3.1 "顶点"子层级

1. "软选择"卷展栏

"软选择"卷展栏下的设置项目允许根据衰减范围选择邻近顶点。顶点的变换效果随着距离而衰减，在视图中表现为颜色渐变。要想使用软选择，需要勾选"使用软选择"复选框，并设置"衰减"值，如图 6-11 所示。

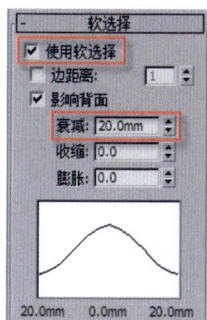

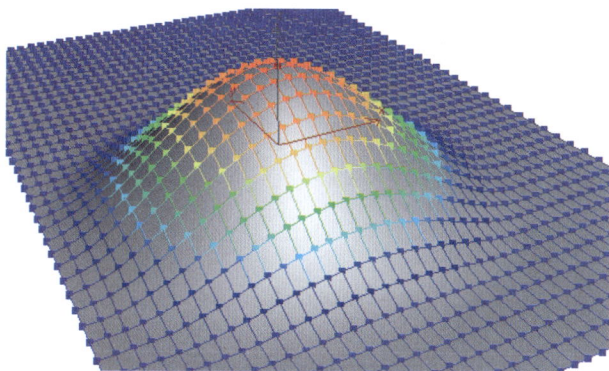

图 6-11 软选择

2. "编辑顶点"卷展栏

"编辑顶点"卷展栏包含用于编辑顶点的命令，主要包括"移除""断开""挤出""焊接""切角""目标焊接""连接"等按钮，如图 6-12 所示。

1）移除

单击"移除"按钮可删除选择的顶点，并接合使用它们的多边形，如图 6-13 所示。

【提示】选择顶点后，按 Delete 键可以删除顶点，在网格中会创建一个或多个洞；而"移除"顶点时不会创建孔洞。

2）断开

单击"断开"按钮可以在选定顶点相连的每个多边形上创建一个新顶点，使多边形的转角相互分开，使它们不再相连于原来的顶点。

3）挤出

单击"挤出"按钮，选择顶点后垂直拖动，就可以挤出此顶点，如图 6-14 所示。

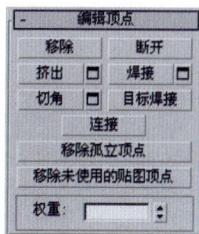

图 6-12 "编辑顶点"卷展栏

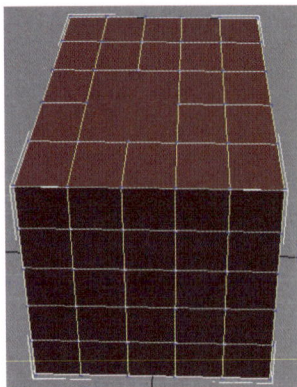

图 6-13 单击"顶点"子层级中的"移除"按钮

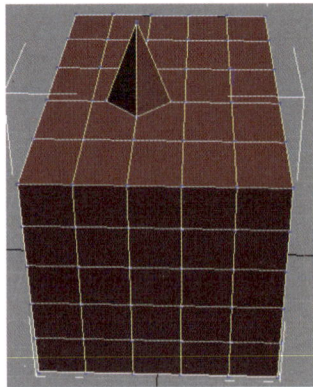

图 6-14 单击"顶点"子层级中的"挤出"按钮

4）焊接

单击"焊接"按钮可以对指定阈值范围内选定的连续顶点进行合并。使用"焊接"前，需要设置"焊接阈值"，如图 6-15 所示。

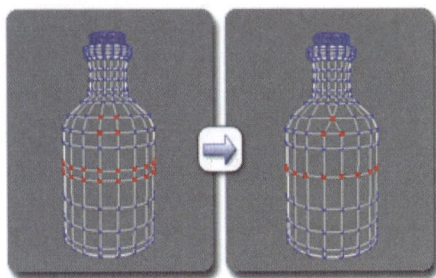

图 6-15 单击"顶点"子层级中的"焊接"命令

【提示】如果几何体区域有很多非常接近的顶点，则可使用"焊接"进行自动简化；要想"焊接"相距较远的顶点，则可以使用"目标焊接"。

5）目标焊接

单击"目标焊接"按钮可以选择一个顶点并将它焊接到相邻的目标顶点，如图 6-16 所示。

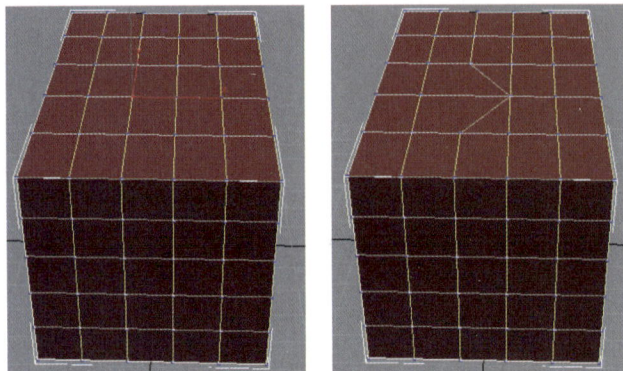

图 6-16 单击"顶点"子层级中的"目标焊接"按钮

6）切角

单击"切角"按钮，选择并拖动顶点，在该顶点处生成切角，如图6-17所示。

7）连接

单击"连接"按钮，在选中的顶点对之间创建新的边，如图6-18所示。

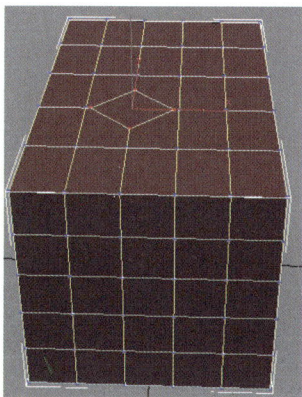

图6-17 单击"顶点"子层级中的"切角"按钮

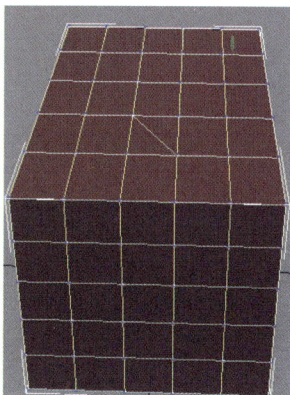

图6-18 单击"顶点"子层级中的"连接"按钮

6.3.2 "多边形"子层级

"多边形"子层级下的"编辑多边形"卷展栏主要包含"挤出""轮廓""倒角""插入""桥""从边旋转""沿样条线挤出"等重要命令，如图6-19所示。

1）挤出

单击"挤出"按钮，然后垂直拖动多边形，可将其挤出，如图6-20所示。

2）轮廓

单击"轮廓"按钮可增加或减小每组连续的选定多边形的外边。

执行"挤出"或"倒角"操作后，通常可以使用"轮廓"调整挤出面的大小，如图6-21所示。

图6-19 "编辑多边形"卷展栏

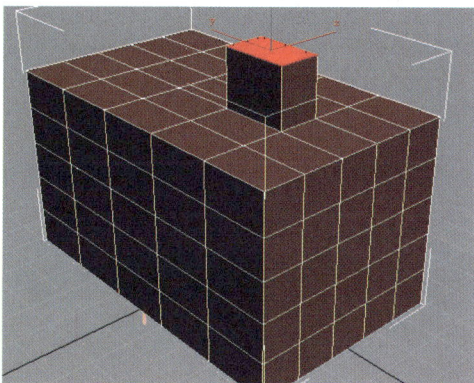

图6-20 单击"多边形"子层级中的"挤出"按钮

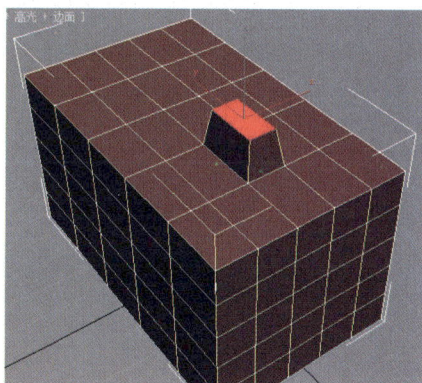

图6-21 单击"多边形"子层级中的"轮廓"按钮

3）倒角

单击"倒角"按钮,然后垂直拖动多边形以将其挤出。释放鼠标,然后垂直移动鼠标光标,设置挤出轮廓。单击以完成设置。也可单击"轮廓"按钮右侧的"设置"按钮,在视图中设置"高度"和"轮廓"值,如图 6-22 所示。

【提示】单击"倒角"按钮＝单击"挤出"按钮＋"轮廓"按钮。

4）插入

选择多边形,单击"插入"按钮,垂直拖动多边形,插入多边形,如图 6-23 所示。

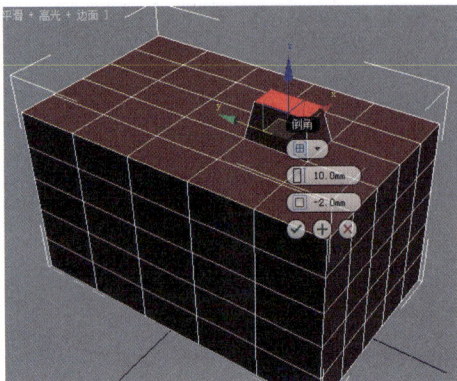

图 6-22 单击"多边形"子层级中的"倒角"命令　　图 6-23 单击"多边形"子层级中的"插入"命令

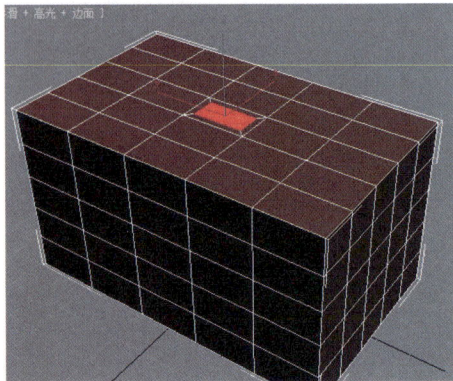

5）桥

使用"桥"按钮可连接对象的两个选定多边形,如图 6-24 所示。

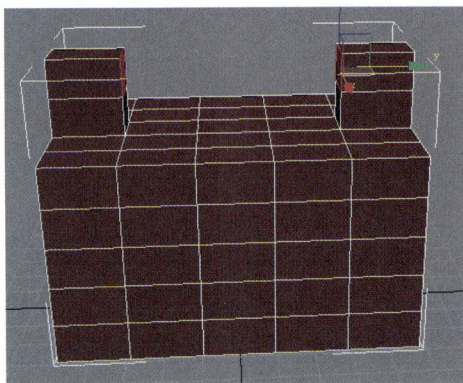

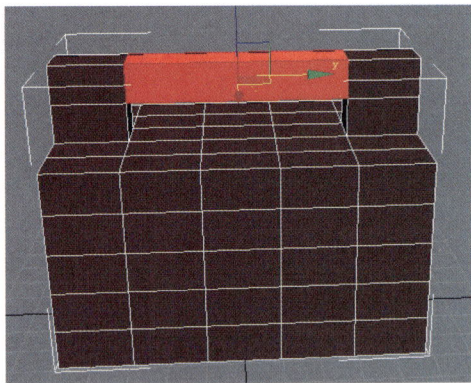

图 6-24 单击"多边形"子层级中的"桥"按钮

6）从边旋转

单击"从边旋转"按钮,可沿指定的边旋转选定的多边形,如图 6-25 所示。

7）沿样条线挤出

单击"沿样条线挤出"按钮,可沿样条线挤出当前选定的多边形,如图 6-26 所示。

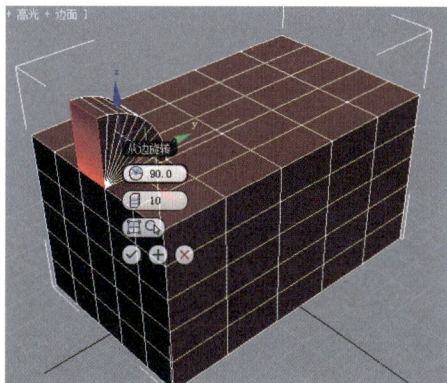

图 6-25 单击"多边形"子层级中的"从边旋转"命令

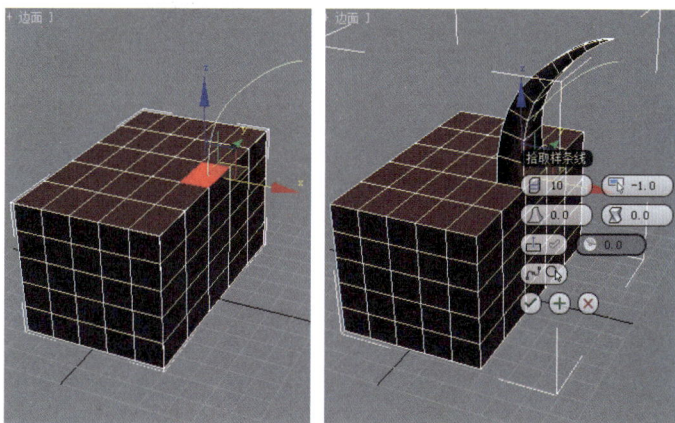

图 6-26 单击"多边形"子层级中的"沿样条线挤出"命令

实训 15　编辑多边形命令

原始文件	...\场景文件\1\编辑多边形.max
关键技术	"编辑多边形"修改器、"软选择"工具。 "编辑顶点"命令："移除""断开""挤出""焊接""切角""目标焊接""连接"等命令。 "编辑多边形"命令："挤出""轮廓""倒角""插入""桥""从边旋转""沿样条线挤出"等命令
实训内容	在打开的文件中根据练习执行以下各种命令。 (1) 创建一个长方体,添加"编辑多边形"修改器,了解其子层级特点。 (2) 使用"软选择"工具选择顶点并移动顶点,了解软选择的特点。 (3) 在"顶点"子层级下使用"编辑顶点"卷展栏中的各种命令："移除""断开""挤出""焊接""切角""目标焊接""连接"。 (4) 在"多边形"子层级下使用"编辑多边形"中的各种命令："挤出""轮廓""倒角""插入""桥""从边旋转""沿样条线挤出"

案例 19 多边形建模——杯子

完成文件	...\场景文件\2\杯子(完成).max
关键技术	"编辑多边形"修改器、"涡轮平滑"修改器。 "切角""沿样条线挤出""封口""插入""倒角"等命令
参考图	

【操作步骤】

(1) 将单位设置为"毫米"。

(2) 在顶视图创建长方体,命名为"杯子",在"修改"面板设置"长度"为 75.0mm、"宽度"为 75.0mm、"高度"为 90.0mm、"长度分段"为 4、"宽度分段"为 4、"高度分段"为 5,如图 6-27 所示。

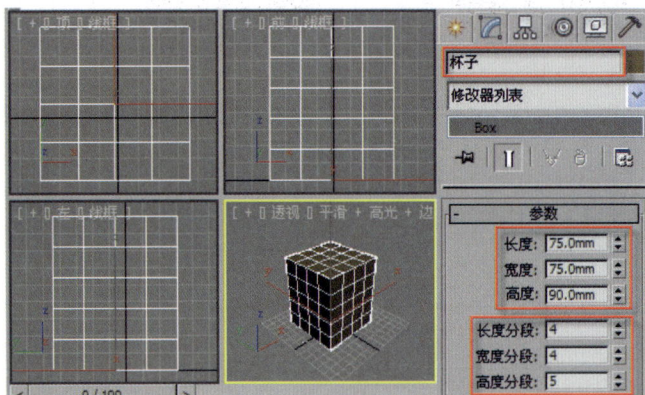

图 6-27 创建长方体

(3) 添加"编辑多边形"修改器,选择"顶点"子层级,在顶视图按住 Ctrl 键框选 4 个角的所有顶点,单击 (选择并均匀缩放)按钮调整长方体四角的形状,如图 6-28 所示。

(4) 选择"边"子层级,在前视图按住 Ctrl 键选择水平的两条边的部分线段,单击"选择"卷展栏下的"循环"按钮可选择水平的两条边的全部线段,如图 6-29 所示。

(5) 在"编辑边"卷展栏下单击"切角"按钮右侧的"设置"按钮,设置数值为 8.0mm,单击"确定"按钮,如图 6-30 所示。

(6) 在前视图中选择中间的一条垂直边,使用相同的方法对该边使用"切角"命令,如图 6-31 所示。

(7) 在左视图中使用"线"工具绘制杯把形态的样条线,如图 6-32 所示。

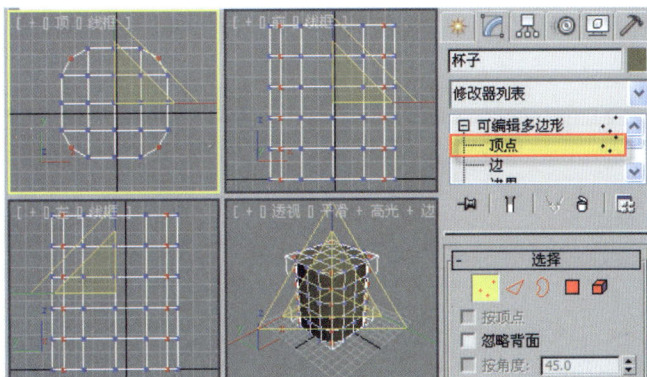

图 6-28 编辑杯子四角的形状

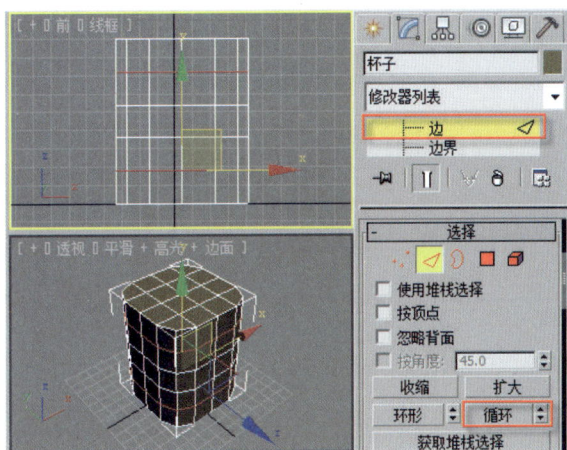

图 6-29 选择边

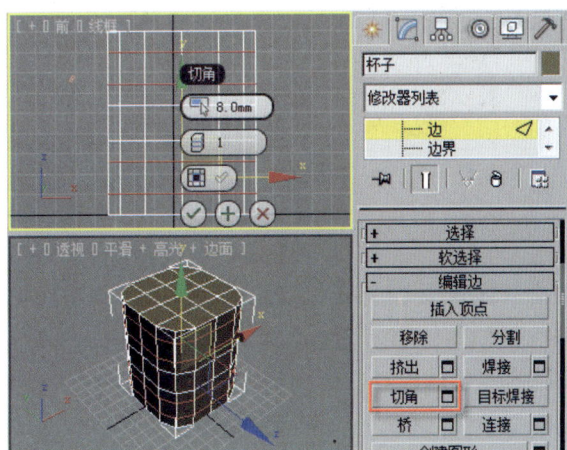

图 6-30 水平边切角

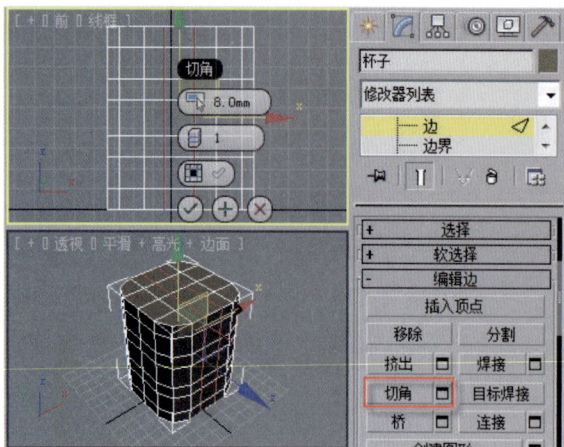

图 6-31　垂直边切角

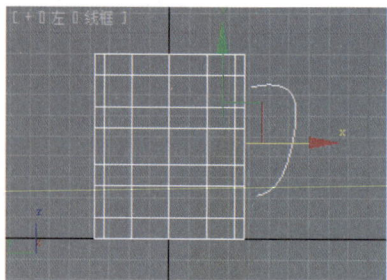

图 6-32　绘制样条线

（8）进入"多边形"子层级，在前视图中选择多边形，如图 6-33 所示。

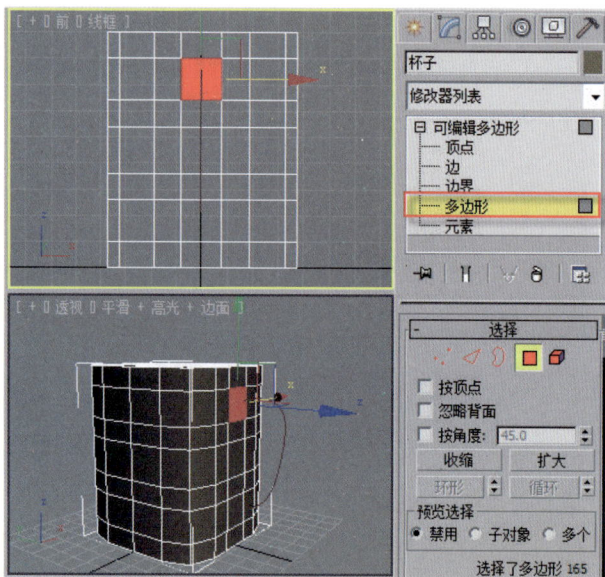

图 6-33　选择多边形

（9）单击"编辑多边形"卷展栏下"沿样条线挤出"按钮右侧的"设置"按钮，设置"分段"为 10，在透视图中拾取样条线 Line01，单击"确定"按钮，创建杯把，如图 6-34 所示。

【提示】"分段"值可根据实际需要适当调节大小，保证杯把平滑即可。

（10）按住 Ctrl 键，单击选择相对的两个多边形，如图 6-35 所示。

【提示】

• 为了同时选择相对的两个多边形，需要在透视图中按住 Alt 键和鼠标滚轮以旋转视图，并按住 Ctrl 键选择两个多边形。

• 当样条线的位置和形状不合适时，沿样条线挤出的杯把有可能伸入杯体内部，无法执行步骤（10）（11）。可取消"沿样条线挤出"操作，然后调整样条线的位置和形

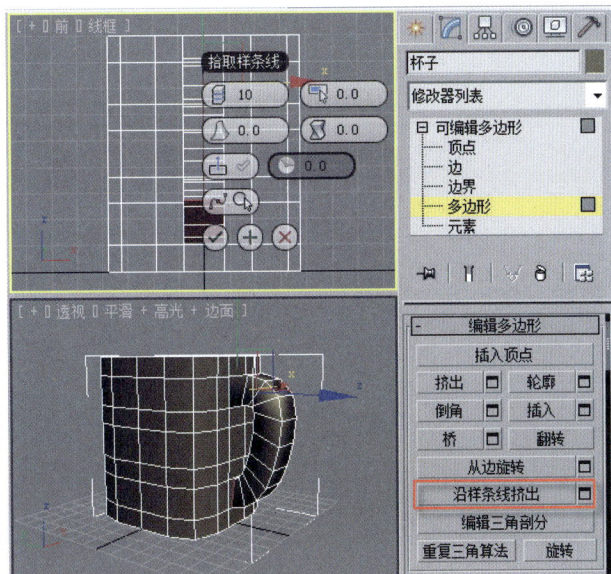

图 6-34　多边形沿样条线挤出

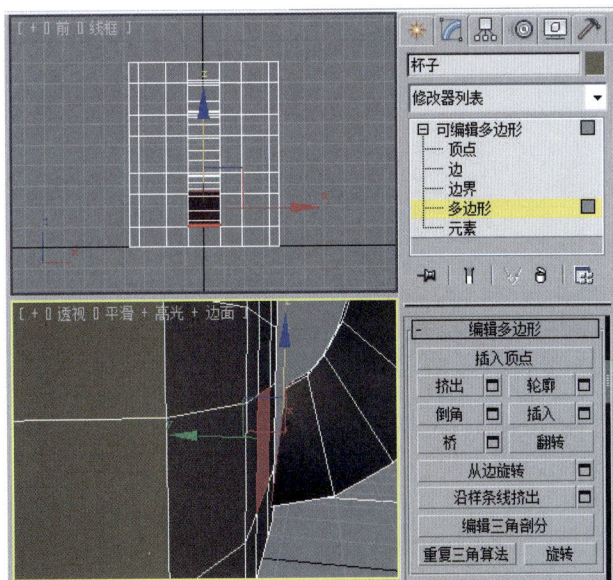

图 6-35　选择多边形

状后重新操作；也可跳过步骤(10)(11)，在完成步骤(12)后删除伸入杯体内部的多边形，然后在"边界"子层级下选择杯把下端边界线，使用"封口"操作命令创建杯把底端的多边形，再执行步骤(10)(11)。

(11) 单击"编辑多边形"卷展栏下的"桥"按钮，结果如图 6-36 所示。

【提示】可根据实际需要生成"桥"的长度并适当设置分段数量，提高杯把的平滑度。

(12) 进入"多边形"子层级，在前视图框选杯子上部的多边形，然后在"选择"卷展栏下单击"收缩"按钮，缩小框选多边形的范围，仅选择杯子的上表面，按 Delete 键删除上表

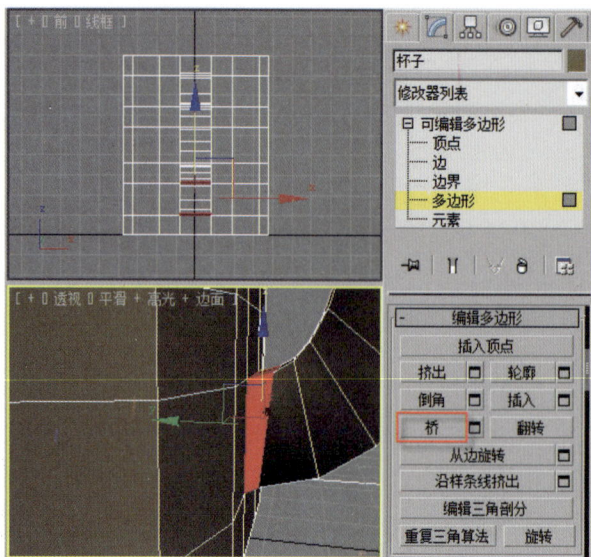

图 6-36 执行"桥"命令

面，结果如图 6-37 所示。

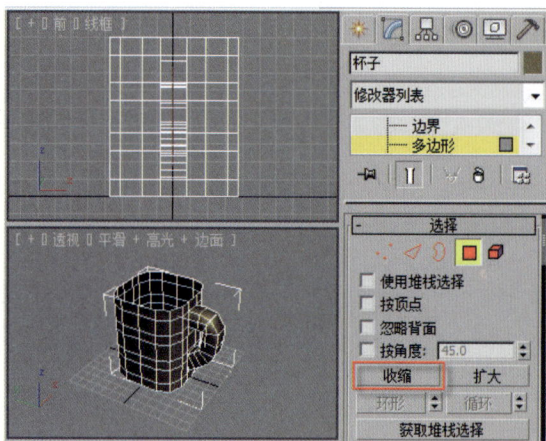

图 6-37 删除杯子的上表面

（13）进入"边界"子层级，选择杯口的边界，单击"编辑边界"卷展栏下的"封口"按钮，封闭上表面，如图 6-38 所示。

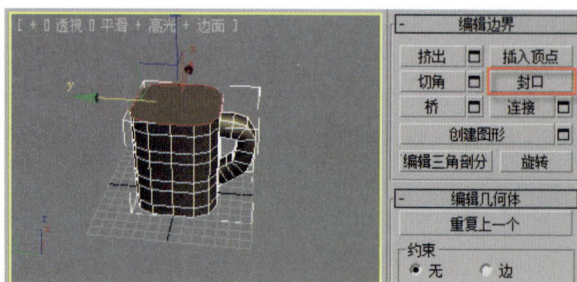

图 6-38 "封口"命令

【提示】删除上表面的多边形后再使用"封口"命令创建多边形是为了简化上表面的多边形,方便后面的"插入"和"倒角"等操作。

(14) 进入"多边形"子层级,选择上边的面,单击"插入"按钮右侧的■(设置)按钮,设置数值为 4.0mm,单击"确定"按钮,如图 6-39 所示。

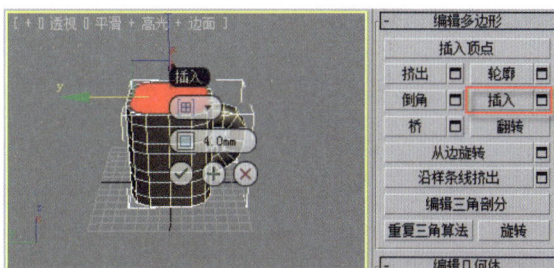

图 6-39 "插入"命令

(15) 单击"倒角"按钮右侧的■(设置)按钮,设置"轮廓"为－5.0mm、"高度"为－80.0mm,单击"确定"按钮,制作"杯子"的深度,如图 6-40 所示。

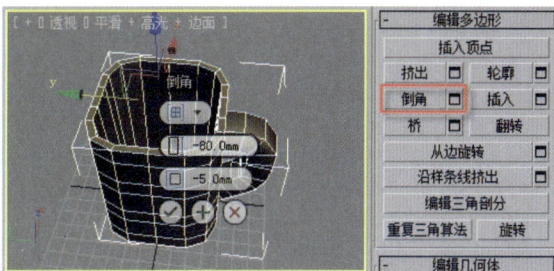

图 6-40 "倒角"命令

(16) 添加"涡轮平滑"修改器,将"迭代次数"设置为 1 或 2,完成"杯子"的建模,如图 6-41 所示。

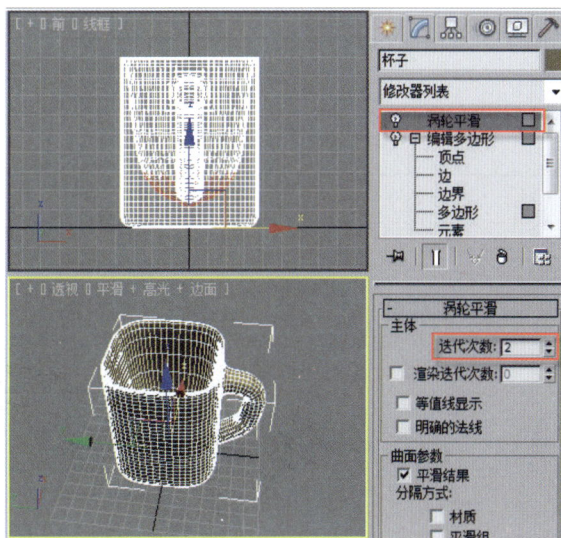

图 6-41 "涡轮平滑"修改器

【提示】"迭代次数"一般不要超过 2 次。

（17）单击"渲染"按钮，效果图如图 6-42 所示。

图 6-42　杯子效果图

6.4　面片建模

面片建模有两种方式："面片栅格"和"可编辑面片"。

"面片栅格"有两种：四边形面片和三角形面片。面片栅格可直接创建平面对象，如图 6-43 所示。

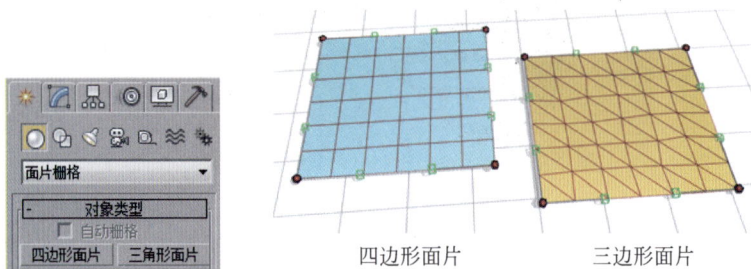

四边形面片　　　　三边形面片

图 6-43　面片栅格

"可编辑面片"可以在 5 个子层级进行操纵：顶点、控制柄、边、面片和元素。

案例 20　面片建模——床罩

完成文件	...\场景文件\2\床罩（完成）.max
关键技术	面片栅格（四边形面片）、"网格平滑"修改器
参考图	

118

【操作步骤】

（1）将单位设置为"毫米"。

（2）单击 ☀（创建）| ○（几何体）| 面片栅格 | 四边形面片 按钮，在顶视图创建一个四边形面片，命名为"床罩"，如图 6-44 所示。

图 6-44　使用"四边形面片"创建"床罩"

（3）选择"床罩"，单击 ☑（修改）选项卡，进入"修改"面板，修改"长度"为 2000.0mm、"宽度"为 1200.0mm、"长度分段"为 3、"宽度分段"为 2，如图 6-45 所示。

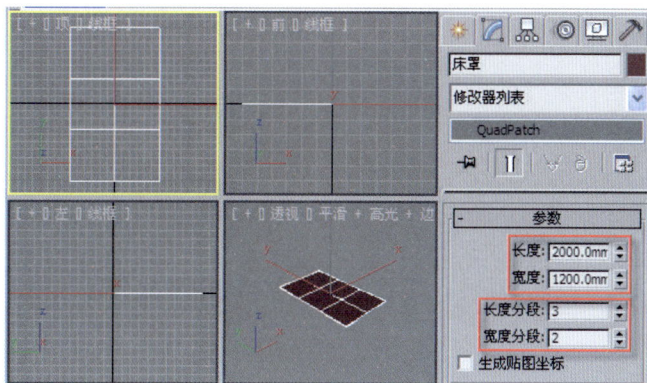

图 6-45　修改"床罩"参数

（4）选择"床罩"对象，添加"网格平滑"修改器，如图 6-46 所示。

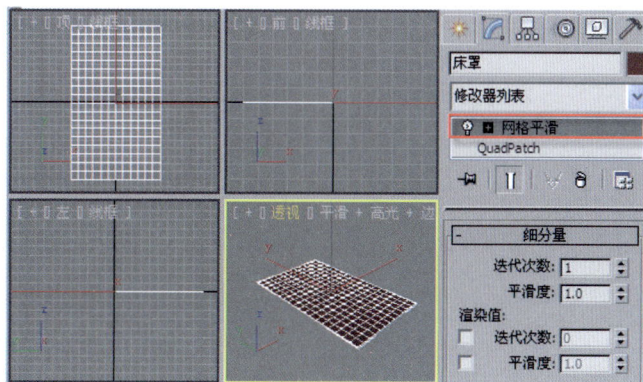

图 6-46　添加"网格平滑"修改器

（5）选择"网格平滑"的"顶点"子层级，在顶视图框选中间的所有顶点，在前视图沿 Y 轴向上移动 4 个栅格，如图 6-47 所示。

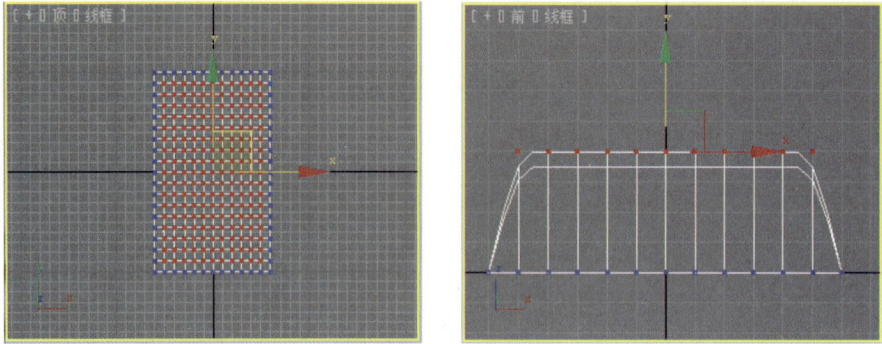

图 6-47　选择并移动"顶点"

（6）按住 Ctrl 键，在顶视图采用间隔方式选择床罩四周的顶点；使用工具沿 X 轴和 Y 轴缩放，如图 6-48 所示。

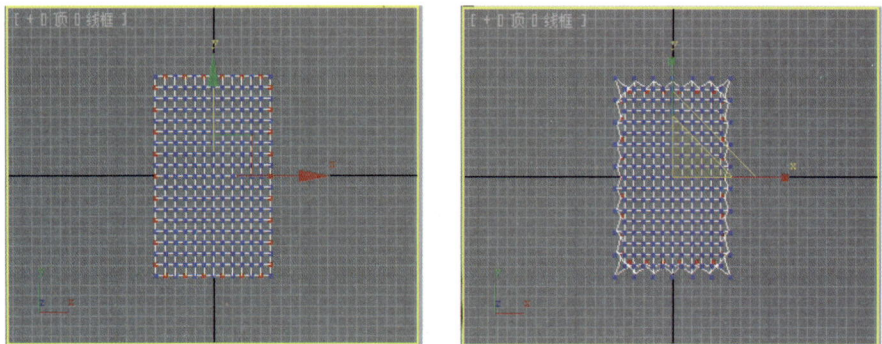

图 6-48　缩放间隔顶点

（7）在顶视图框选部分顶点，在前视图中沿 Y 轴向上移动 1 个栅格，模拟枕头凸起的形态，如图 6-49 所示。

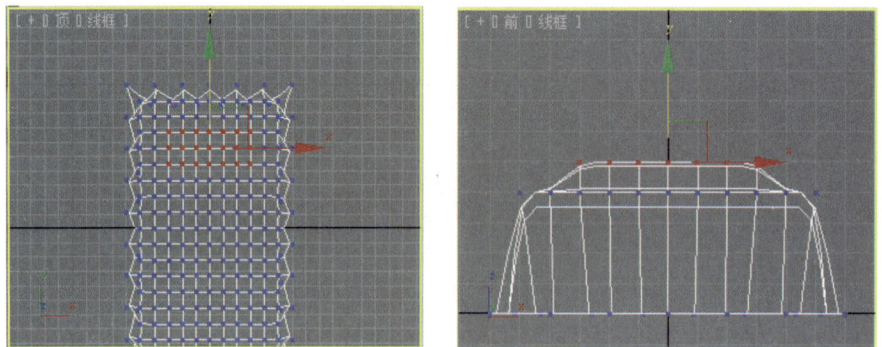

图 6-49　创建枕头凸起的形态

（8）在透视图中观察床罩的效果，可对不自然的顶点单独进行调节，如图 6-50 所示。

（9）单击"渲染"按钮，观察效果图，如图 6-51 所示。

图 6-50 完成床罩

图 6-51 床罩效果图+

6.5 NURBS 建模

NURBS 代表非均匀有理 B 样条线。NURBS 尤其适合使用复杂的曲线建模曲面。使用 NURBS 建模很容易交互操纵,算法效率高,计算稳定性好。

NURBS 建模有 3 种方式:NURBS 曲面、NURBS 曲线和转换为 NURBS,如图 6-52 所示。

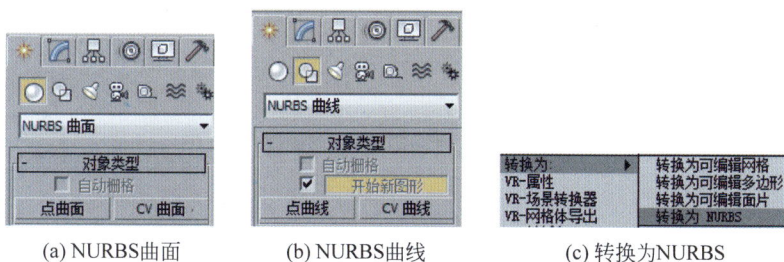

(a) NURBS曲面   (b) NURBS曲线   (c) 转换为NURBS

图 6-52 NURBS 建模的 3 种方式

案例 21 NURBS 建模——抱枕 2

完成文件	...\场景文件\2\抱枕(完成).max
关键技术	"NURBS 曲面""对称"修改器
参考图	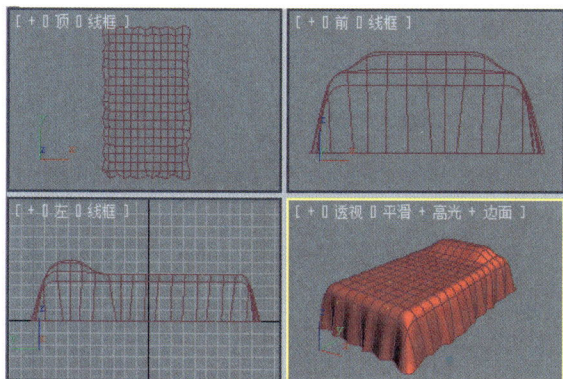

【操作步骤】

（1）将单位设置为"毫米"。

（2）单击 ☀(创建)｜ ◯(几何体)｜ NURBS 曲面 ｜ CV 曲面 按钮,在顶视图创建一个 CV 曲面,命名为"抱枕"。在"创建参数"卷展栏设置"长度"为 300.0mm、"宽度"为 300.0mm、"长度 CV 数"为 4、"宽度 CV 数"为 4,按 Enter 键确认修改,如图 6-53 所示。

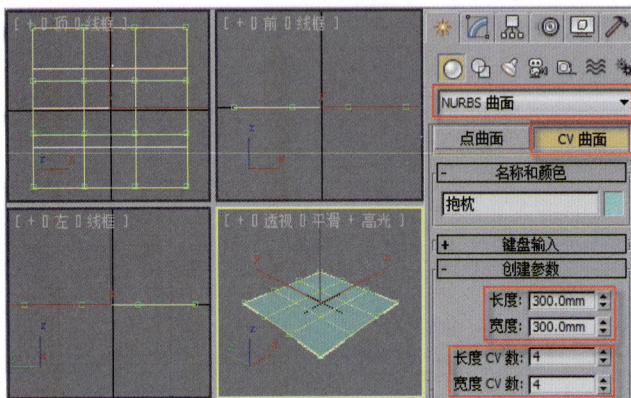

图 6-53　CV 曲面

（3）选择抱枕,单击 ▱(修改)选项卡,进入"修改"面板,选择"NURBS 曲面"的"曲面 CV"子层级。在顶视图框选中间的 4 个曲面 CV,如图 6-54 所示。

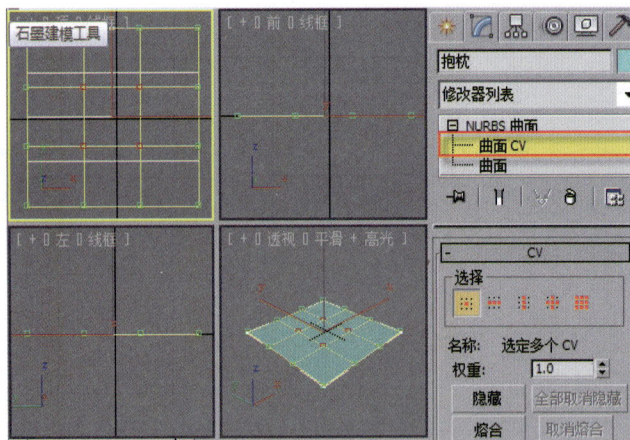

图 6-54　在"曲面 CV"子层级下框选择 4 个曲面 CV

（4）在前视图中,单击 ✛(选择并移动)按钮将选择的 4 个曲面 CV 沿 Y 轴向上移动约 9 个栅格,如图 6-55 所示。

（5）给"抱枕"对象添加"对称"修改器。在"参数"卷展栏下设置"镜像轴"为 Z 轴,取消勾选"沿镜像轴切片"复选框,将"焊接缝"的"阈值"设置为 3.0mm,如图 6-56 所示。

（6）单击"渲染"按钮,效果图如图 6-57 所示。

【提示】为了增强表现效果,已经给"抱枕"模型添加了材质贴图。

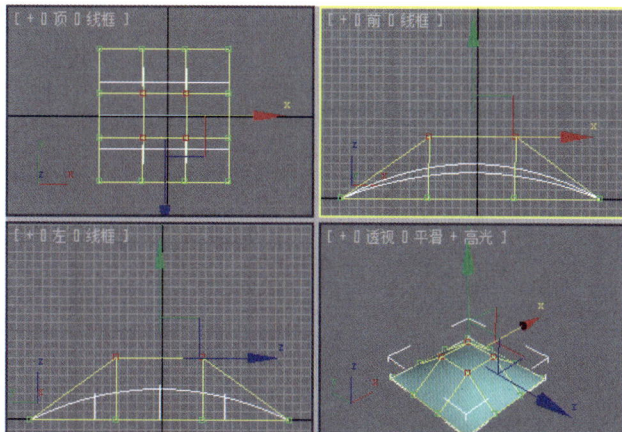

图 6-55 移动曲面 CV

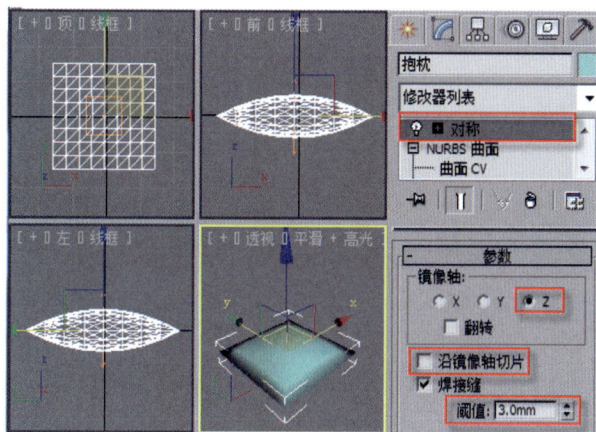

图 6-56 "对称"修改器

图 6-57 抱枕效果图

思考与练习

（1）网格建模、多边形建模、面片建模和 NURBS 建模各有何优势？

（2）网格建模和多边形建模有何区别？

（3）为什么在编辑多边形时要关闭"网格平滑"或者"涡轮平滑"？

（4）面片建模有何特点？

（5）NURBS 建模有何特点？

第7章 材质和贴图技术

【教学目标】
- 熟练掌握材质编辑器的使用方法。
- 了解各种材质类型。
- 了解各种贴图通道和贴图类型。
- 熟练掌握标准材质及其基本属性的设置方法。
- 熟练掌握"漫反射颜色""凹凸""不透明度"通道的设置方法。
- 熟练掌握"UVW 贴图"修改器的使用方法。

7.1 材质编辑器

材质主要描述对象的质感和光泽,使效果更加真实。在贴图通道中,可通过贴图表现对象的纹理效果。

单击 ◙(材质编辑器)按钮可打开"材质编辑器",材质编辑器提供创建和编辑材质以及贴图的功能。

在 3ds Max 中,材质编辑器有两种模式:精简材质编辑器和平板材质编辑器。通过材质编辑器的"模式"菜单可切换两种模式,如图 7-1 所示。

1. 精简材质编辑器
精简材质编辑器的界面比较简洁,其通过材质球直观地显示材质效果,如图 7-2 所示。

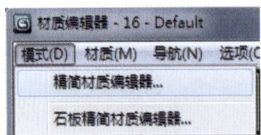

图 7-1 材质编辑器的模式切换　　　　　图 7-2 精简材质编辑器

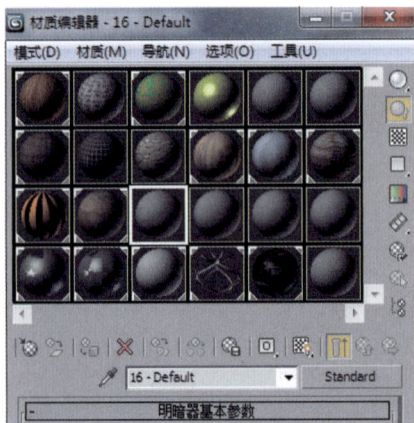

【提示】本书所有案例均采用精简材质编辑器模式。

精简材质编辑器的主要工具如下。

⊘（获取材质）：打开材质/贴图浏览器,选择材质或贴图。

⬢（将材质指定给选定对象）：将材质应用于场景中当前选定的对象。

⬢（放入库）：将选定的材质添加到库中。

▣（材质 ID 通道）：给材质指定 ID 通道。

▩（在视图中显示标准贴图）：启用材质的所有贴图的视图显示。

⬢（转到父对象）：在当前材质中向上移动一个层级。

◯（采样类型）：材质球的显示形状。

▩（示例窗背景）：将多颜色的方格背景添加到活动示例窗中,主要用来查看不透明度和透明度的效果。

⬢（按材质选择）：基于材质编辑器中的活动材质选择对象。

✐（从对象拾取材质）：从场景中的一个对象选择材质。

2. 平板材质编辑器

平板材质编辑器使用节点和关联以图形的方式显示材质的结构,如图 7-3 所示。

图 7-3　平板材质编辑器

7.2　材质类型

单击 ▱ 16 - Default ▾ Standard （材质类型）按钮可打开材质/贴图浏览器。材质类型有 16 种,常用的材质类型有标准材质(Standard)、多维/子对象(Multi/Sub-Object)、光线跟踪(Raytrace)、合成(Composite)、混合(Blend)、建筑(Architectural)、壳材质(Shell Material)、双面(Double Sided)和无光/投影(Matte/Shadow)等材质,如图 7-4 所示。

标准(Standard)材质的使用最为普遍。默认情况下,材质类型为标准(Standard)材

图 7-4　材质类型

质,其主要属性如下。

1.“明暗器基本参数”卷展栏

“明暗器基本参数”卷展栏如图 7-5 所示。

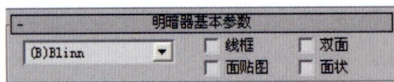

图 7-5　“明暗器基本参数”卷展栏

(1) 明暗器下拉列表。

- 各向异性:适用于椭圆形表面,具有各向异性高光。
- Blinn:适用于圆形物体,其高光比 Phong 明暗处理柔和。默认明暗器为 Blinn。
- 金属:适用于金属表面。
- 多层:适用于比各向异性更复杂的高光。
- Oren-Nayar-Blinn:用于不光滑表面。
- Phong:适用于具有强度很高的圆形高光的表面。
- Strauss:适用于金属和非金属表面。
- 半透明:适用于指定半透明效果,光线穿过材质时会散开。

(2) 渲染模式。

- 线框:以线框模式渲染材质。
- 双面:使材质成为双面。
- 面贴图:将材质应用到几何体的各面。
- 面状:渲染表面的每一面。

2.“Blinn 基本参数”卷展栏

“Blinn 基本参数”卷展栏如图 7-6 所示。

- 环境光:控制环境光颜色。环境光颜色是指位于阴影中的颜色(间接灯光)。

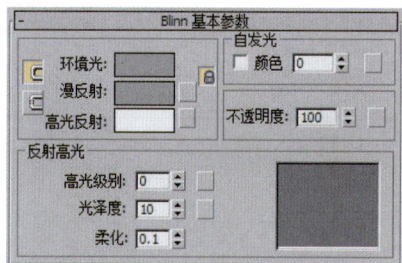

图 7-6 "Blinn 基本参数" 卷展栏

- 漫反射：控制漫反射颜色,漫反射颜色是指位于直射光中的颜色。
- 高光反射：控制高光反射颜色,高光反射颜色是指发光物体高亮显示的颜色。
- 自发光：使材质从自身发光。
- 不透明度：控制材质的透明度。
- 高光级别：影响反射高光的强度。
- 光泽度：影响反射高光的大小。
- 高光图：显示调整"高光级别"和"光泽度"值后的效果。

7.3 贴图通道和贴图类型

1. 贴图通道

材质的"贴图"卷展栏包括 12 个贴图通道,其中最常用的贴图通道包括漫反射颜色、不透明度、凹凸和反射等,如图 7-7 所示。

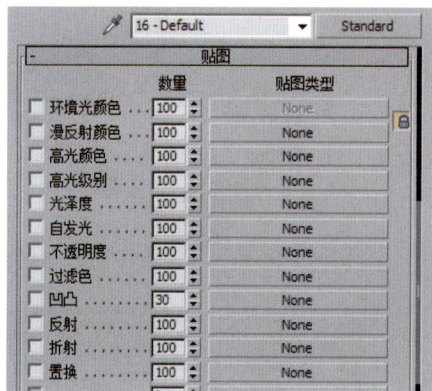

图 7-7 贴图通道

2. 贴图类型

单击"贴图"卷展栏下的 None 按钮可指定贴图类型。

贴图类型共有 30 多种,其中最常用的贴图类型包括位图(Bitmap)、渐变坡度(Gradient Ramp)、噪波(Noise)、衰减(Falloff)、光线跟踪(Raytrace)和反射/折射(Reflect/Refract)等,如图 7-8 所示。

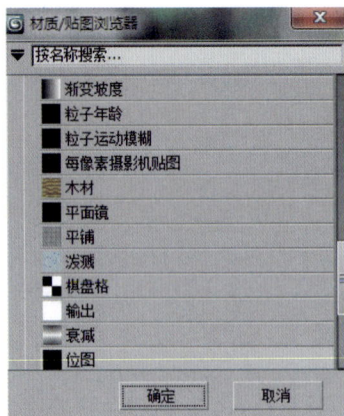

图 7-8　贴图类型

【提示】使用"位图（Bitmap）"贴图时，一般需要给对象添加"UVW 贴图"修改器，以便确定贴图坐标。

案例 22　标准（Standard）材质 1——军营

原始文件	...\场景文件\7\标准材质 1\军营.max
完成文件	...\场景文件\7\标准材质 1\军营（材质完成）.max
关键技术	标准材质、"面贴图"模式、"双面"模式、"漫反射颜色""高光级别""光泽度""噪波"贴图、"渐变坡度"贴图、"UVW 贴图"修改器、"贴图缩放器"修改器、"漫反射颜色"通道、"凹凸"通道、"不透明度"贴图通道、修改器的复制与粘贴
原始图	
参考图	

【操作步骤】

打开教材配套资源文件"…\场景文件\7\标准材质 1\军营.max"。

【提示】为了统一显示，请将"系统单位"设置为"英寸"(1 英寸＝2.54 厘米)，将"显示单位"设置为"米"。

1. 工具容器(油罐、弹药箱和发电机)

选择并孤立油罐、弹药箱和发电机，如图 7-9 所示。

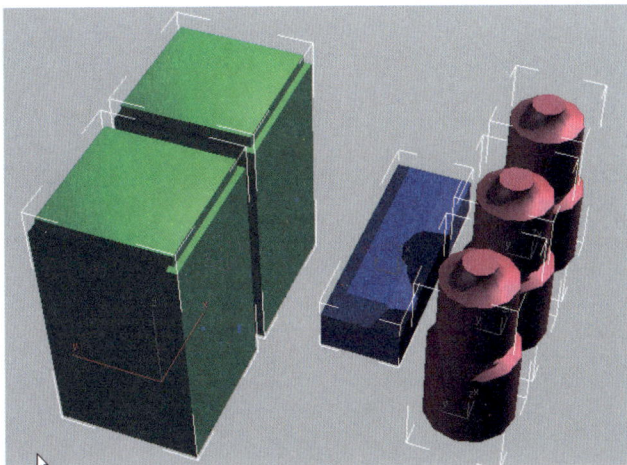

图 7-9　油罐、弹药箱和发电机

1) 油罐(漫发射颜色、高光级别和光泽度)

(1) 打开材质编辑器，选择一个空白材质球，使用默认的标准(Standard)材质，命名为"油罐"。

(2) 在"Blinn 基本参数"卷展栏下单击"漫反射"的色样，在"颜色选择器：漫反射颜色"对话框中设置"红"为 200、"绿"为 200、"蓝"为 0，如图 7-10 所示。

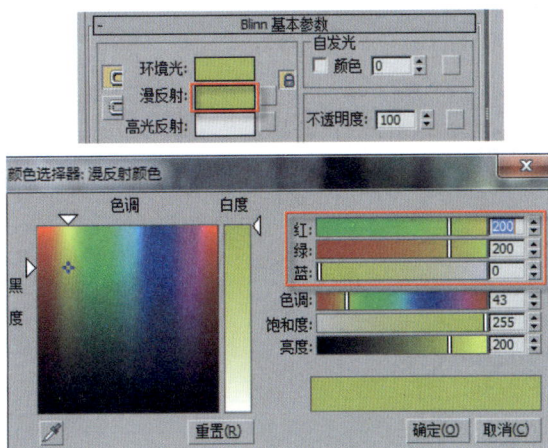

图 7-10　漫反射颜色

(3) 将"高光级别"的值更改为 90；将"光泽度"的值更改为 32，如图 7-11 所示。

（4）选择油罐 001、油罐 002 和油罐 003，单击 （将材质指定给对象）按钮将"油罐"材质赋给 3 个油罐，效果如图 7-12 所示。

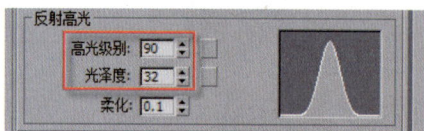

图 7-11 反射高光

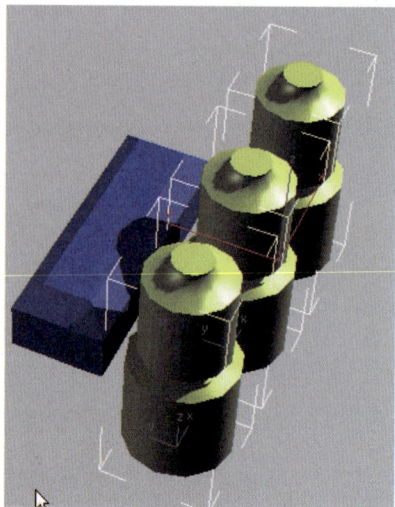

图 7-12 油罐材质

2）弹药箱（"漫反射"通道、"UVW 贴图"修改器）

（1）打开材质编辑器，选择一个空白标准材质球，命名为"弹药箱"。

（2）单击"漫反射"右侧的 ▇ 按钮，在弹出的"材质/贴图浏览器"中双击"位图（Bitmap）"贴图，在弹出的窗口中选择位图"...\场景文件\7\标准材质\金属网.jpg"，金属网位图如图 7-13 所示。

（3）单击 （将材质指定给对象）按钮将材质赋给弹药箱。单击 （在视图中显示标准贴图）按钮，然后单击 （渲染）按钮，观察贴图效果，如图 7-14 所示。

【提示】发现弹药箱的顶部显示正常，但是弹药箱的侧面会出现变形，这是因为没有正确指定弹药箱的贴图坐标。

（4）在场景中选择弹药箱，转至"修改"面板，添加"UVW 贴图"修改器。在"参数"卷展栏下的"贴图"组中选择"长方体"，将"长度""宽度""高度"均设置为 2.0m。使用"UVW 贴图"修改器后的效果如图 7-15 所示。

图 7-13 "金属网"位图

图 7-14 贴图效果

图 7-15 使用"UVW 贴图"修改器后的效果

3）发电机（"漫反射"通道、"噪波"贴图）

（1）打开材质编辑器，选择一个空白标准材质球，命名为"发电机"。

（2）单击"漫反射"右侧的▨按钮，在弹出的"材质/贴图浏览器"中双击"噪波（Noise）"贴图。

（3）在"噪波参数"卷展栏下将"噪波阈值"组中的"高"设置为 0.51、"低"设置为0.49、"大小"设置为18.0。将"颜色 ♯1"设置为深绿色："红色"为 0，"绿色"为 175，"蓝色"为 0；将"颜色 ♯2"设置为棕褐色："红色"为 200，"绿色"为 155，"蓝色"为 0，如图 7-16 所示。

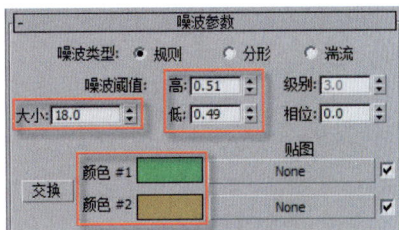

图 7-16　"噪波参数"设置

（4）选择发电机 001 和发电机 002，单击▨（将材质指定给对象）按钮将材质赋给发电机。单击▨（在视图中显示标准贴图）按钮，观察视图中的发电机材质，然后单击▨（渲染）按钮，观察其效果，如图 7-17 所示。

【提示】使用"噪波"贴图时，视图中两个发电机的显示几乎一样，但是在渲染场景时会发现两个发电机的显示不完全一致。

2. 地形（"漫反射"通道、"UVW 贴图"修改器）

（1）打开材质编辑器，选择一个空白标准材质球，命名为"军营地面"。

（2）单击"漫反射"右侧的▨按钮，在弹出的"材质/贴图浏览器"中双击"位图（Bitmap）"贴图，在弹出的窗口中选择位图"...\场景文件\7\标准材质\地面纹理.jpg"。军营地面位图如图 7-18 所示。

图 7-17　发电机效果图

图 7-18　军营地面位图

（3）在场景中选择军营地面，转至"修改"面板，添加"UVW 贴图"修改器。

（4）单击▨（将材质指定给对象）按钮将材质赋给军营地面。单击▨（在视图中显示标准贴图）按钮，然后单击▨（渲染）按钮，观察贴图效果，如图 7-19 所示。

3. 营房

1）营房墙壁（"漫反射"通道、"UVW 贴图"修改器、"凹凸"通道）

（1）打开材质编辑器，选择一个空白标准材质球，命名为"营房-墙壁"。

（2）单击"漫反射"右侧的▨按钮，在弹出的"材质/贴图浏览器"中双击"位图"贴图，

在弹出的窗口中选择位图"...\场景文件\7\标准材质\木纹 3.jpg"。营房墙壁位图如图 7-20 所示。

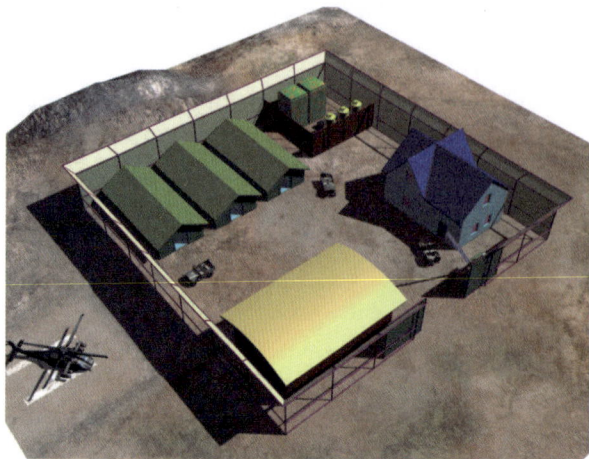

图 7-19 军营地面效果

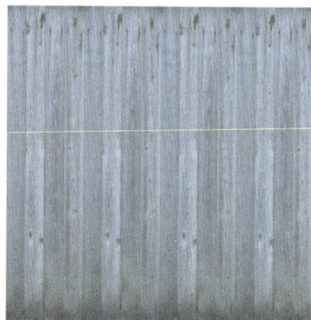

图 7-20 营房墙壁位图

（3）单击 ▦（将材质指定给对象）按钮将材质赋给营房-墙壁 001、营房-墙壁 002 和营房-墙壁 003。单击 ▦（在视图中显示标准贴图）按钮，然后单击 ▦（渲染）按钮，观察贴图效果，如图 7-21 所示。

图 7-21 营房墙壁贴图

【提示】当使用默认的贴图坐标时，墙壁底部的污垢会出现在门的上方。

（4）选择营房-墙壁 001，转至"修改"面板，添加"UVW 贴图"修改器。在"参数"卷展栏下的"贴图"组中选择"长方体"，将"长度""宽度""高度"均设置为 4.0m。渲染效果图如图 7-22 所示，纹理与墙壁对齐。

图 7-22 军营墙壁效果

【提示】由于另外两个营房都是采用"实例"克隆创建的,因此在营房-墙壁 001 添加"UVW 贴图"修改器后,营房-墙壁 002 和营房-墙壁 003 也会自动添加"UVW 贴图"修改器。

(5)选择营房-墙壁材质球,打开"贴图"卷展栏,单击"凹凸"通道右侧的 None 按钮;在弹出的"材质/贴图浏览器"中双击"位图"贴图,在弹出的窗口中选择位图"...\场景文件\7\标准材质\木纹 3-黑白.jpg"。木纹黑白位图如图 7-23 所示。

(6)单击 ⚙(转到父对象)按钮,将"凹凸"通道的"数量"增加到 75,如图 7-24 所示。

图 7-23　木纹黑白位图

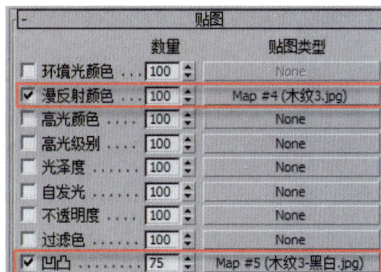

图 7-24　"凹凸"通道设置

【提示】设置凹凸贴图后,白色区域显得更高,黑色区域显得更低,从而增强了凹凸感。因此,作为凹凸贴图的位图通常使用纹理贴图的黑白版本。

(7)单击 ⚙(渲染)按钮,观察设置凹凸贴图后的营房墙壁的效果,如图 7-25 所示。

图 7-25　带有凹凸贴图的营房墙壁

2)营房屋顶("漫反射"通道、"UVW 贴图"修改器、"凹凸"通道)

(1)打开材质编辑器,选择一个空白标准材质球,命名为"营房-屋顶"。

(2)单击"漫反射"右侧的 ▢ 按钮,在弹出的"材质/贴图浏览器"中双击"位图"贴图,在弹出的窗口中选择位图"...\场景文件\7\标准材质\波纹铁皮.jpg"。在"坐标"卷展栏中将"角度"组中的 W 值更改为 90.0,如图 7-26 所示。

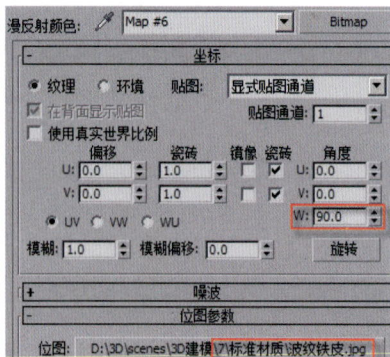

图 7-26　"漫反射"贴图

（3）单击按钮将材质赋给营房-屋顶001、营房-屋顶002和营房-屋顶003。

（4）选择任意一个营房屋顶，转至"修改"面板，添加"UVW贴图"修改器。保持"参数"卷展栏下的"贴图"组默认设置为"平面"。在"对齐"组中，选择Y轴作为对齐轴，单击"适配"按钮，"贴图"组中的"宽度"将自动设置为正确的值7.04m，将"长度"手动更改为与宽度相同的值7.04m，如图7-27所示。

（5）选择营房-屋顶材质球，打开"贴图"卷展栏，单击"凹凸"通道右侧的None按钮，在弹出的"材质/贴图浏览器"中双击"位图"贴图，在弹出的窗口中选择位图"...\场景文件\7\标准材质\波纹铁皮-黑白.jpg"。在"坐标"卷展栏下，将"角度"组中的W值更改为90.0，如图7-28所示。

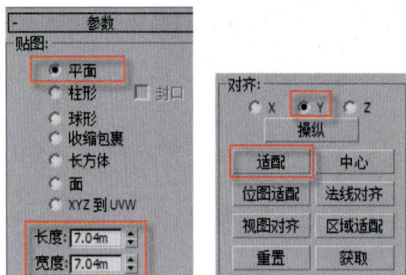

图 7-27　"UVW贴图"修改器的参数设置

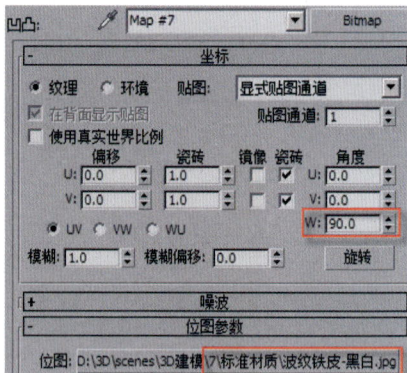

图 7-28　波纹铁皮黑白位图

（6）单击按钮，将"凹凸"通道的"数量"增加到90，如图7-29所示。

（7）单击按钮，观察设置凹凸贴图后的营房屋顶效果，如图7-30所示。

3）营房地板（"漫反射"通道、"UVW贴图"修改器、"凹凸"通道）

营房地板的材质和贴图的设置比较简单。贴图通道使用的位图分别如图7-31和图7-32所示。

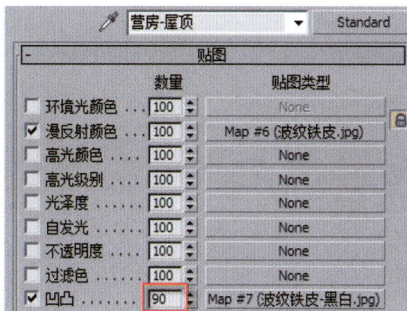

图 7-29　营房屋顶效果

图 7-30　营房屋顶效果

图 7-31　营房地板的漫反射颜色贴图

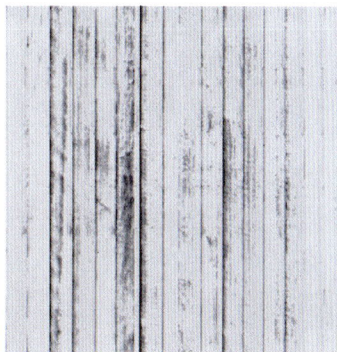

图 7-32　营房地板的凹凸贴图

（1）选择一个空白标准材质球，命名为"营房-地板"。

（2）在"贴图"卷展栏下的"漫反射颜色"通道中添加"位图"贴图"木纹 2.jpg"。

（3）在"贴图"卷展栏下的"凹凸"通道中添加"位图"贴图"木纹 2-黑白.jpg"，将凹凸的"数量"更改为 90，如图 7-33 所示。

（4）将"营房-地板"材质赋给营房-地板 001、营房-地板 002 和营房-地板 003。

（5）选择营房-地板 001，将"UVW 贴图"修改器添加给营房地板。保留默认选项"平

面"，将"长度"和"宽度"都设置为 4.0m，如图 7-34 所示。

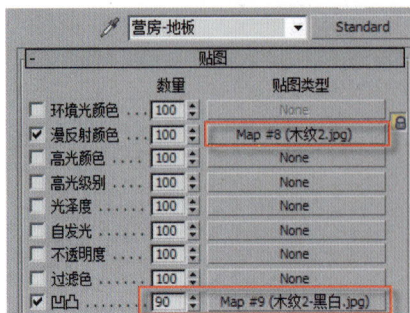

图 7-33　营房-地板贴图通道　　　　　图 7-34　"UVW 贴图"修改器的参数设置

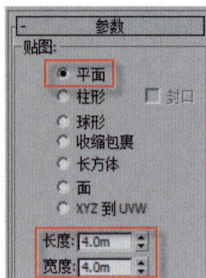

（6）渲染效果如图 7-35 所示。

图 7-35　渲染效果图

4. 岗亭

岗亭和营房的材质完全相同，可将营房的材质直接应用于岗亭。

【提示】当将营房的材质直接应用于岗亭时，必须将营房的"UVW 贴图"修改器也复制给岗亭。

（1）选择营房-屋顶材质球，使用鼠标直接将该材质球拖曳到场景中的"岗亭-屋顶"对象上。

（2）选择"营房-屋顶"对象的"修改"选项卡下的"UVW 贴图"修改器并右击，在弹出的快捷菜单中选择"复制"选项。切换到"岗亭-屋顶"对象的"修改"选项卡下，在堆栈中右击，在弹出的快捷菜单中选择"粘贴"选项。

（3）用同样的方法复制岗亭墙壁和岗亭地板的材质以及"UVW 贴图"修改器，结果如图 7-36 所示。

5. 岗亭栏杆（"漫反射"通道、渐变坡度贴图）

（1）选择一个空白标准材质球，命名为"岗亭-栏杆"。

（2）在"漫反射颜色"通道中添加"渐变坡度（Gradient Ramp）"贴图，如图 7-37 所示。

图 7-36 岗亭效果图

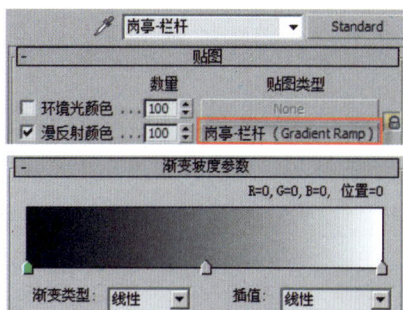

图 7-37 渐变坡度贴图

（3）在"渐变坡度参数"卷展栏中将"插值"类型更改为"实体"，如图 7-38 所示。

（4）在颜色选择器中双击中间的滑块，将第二个渐变颜色更改为橙色：红色为 255，绿色为 150，蓝色为 0，如图 7-39 所示。

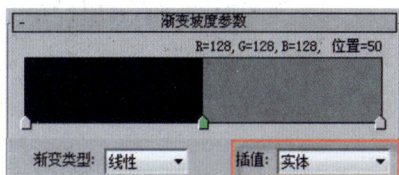

图 7-38 具有"实体"颜色的渐变坡度

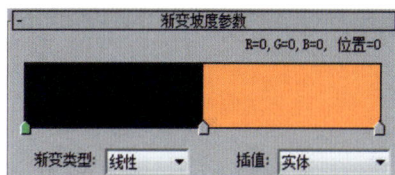

图 7-39 渐变坡度颜色修改

（5）在"坐标"卷展栏中将"平铺（瓷砖）"的 U 值更改为 10.0，以便显示更多条纹；将"角度"组中的 W 值更改为 −2.5，使条纹倾斜一个角度，如图 7-40 所示。

（6）单击"渲染"按钮，观察岗亭栏杆效果，如图 7-41 所示。

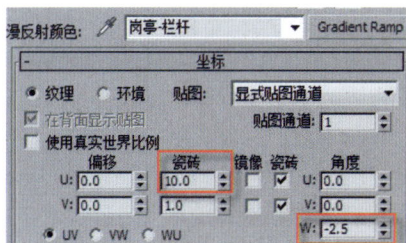

图 7-40 条纹和角度设置

图 7-41 岗亭栏杆效果

6. 围栏（不透明度贴图）

1）围栏框架（漫反射颜色）

（1）选择一个空白标准材质球，命名为"框架"。

（2）在"Blinn 基本参数"卷展栏中单击"漫反射"按钮，将材质颜色指定为亮灰色：红

色、绿色、蓝色均为 188。

（3）单击 ▦（按名称选择）按钮，选择围栏-框架、小围栏-框架、左大门-框架和右大门-框架 4 个对象，如图 7-42 所示。

（4）单击 ▩（将材质指定给选定对象）按钮将材质赋给所有框架。

2）围栏链条（"漫反射"通道、"UVW 贴图"修改器、"不透明度"通道）

【提示】围栏链条的贴图比较特别，分别在"漫反射颜色"通道和"不透明度"通道中使用黑色背景的位图，产生铁丝网的透明网眼效果。贴图通道中使用的位图如图 7-43 所示。

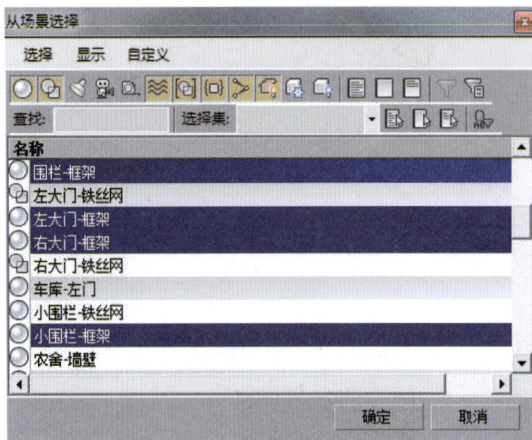

图 7-42　选择围栏框架对象

图 7-43　贴图通道中使用的位图

（1）选择一个空白标准材质球，命名为"铁丝网"。

（2）单击 ▦（按名称选择）按钮，选择围栏-铁丝网、小围栏-铁丝网、左大门-铁丝网和右大门-铁丝网 4 个对象，如图 7-44 所示。

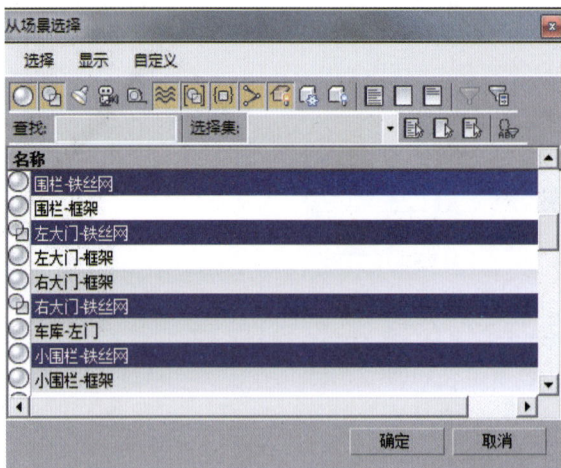

图 7-44　选择围栏铁丝网对象

（3）单击 ▩（将材质指定给选定对象）按钮将材质赋给 4 个选定对象，启用 ▩（在视

图中显示贴图)选项。

【提示】提前将材质赋给对象是为了在设置材质的过程中实时观察材质效果。

（4）在"明暗器基本参数"卷展栏下勾选"双面"复选框，如图 7-45 所示。

（5）在"贴图"卷展栏下的"漫反射颜色"通道中添加"位图"贴图"铁丝网.jpg"，在"不透明度"通道中添加"位图"贴图"铁丝网.jpg"，如图 7-46 所示。

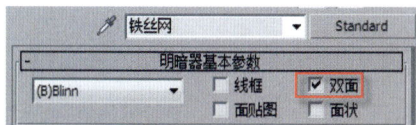

图 7-45　显示模式

图 7-46　贴图通道

【提示】使用凹凸贴图时要遵循"黑凹白凸"规则（灰色表现凹凸过渡效果）；使用不透明度贴图时要遵循"黑透白不透"规则（灰色表现半透明效果）。

（6）在 4 个对象仍被选中的情况下，转至"修改"面板并添加"UVW 贴图"修改器。将贴图投影类型更改为"长方体"，然后将"长度""宽度""高度"均设置为 0.5m。

（7）单击 （渲染）按钮，渲染场景，如图 7-47 所示。

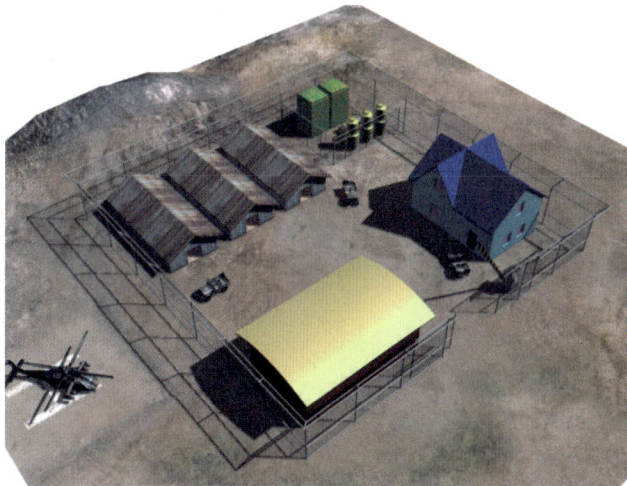

图 7-47　围栏效果

【提示】在设计材质时，即使启用 （在视图中显示贴图）选项，有些贴图可能还是无法在视图中正常显示，可单击 （渲染）按钮查看实际效果。

7. 农舍

1）农舍墙壁（"漫反射"通道、"UVW 贴图"修改器、"凹凸"通道）

农舍墙壁使用"卵石"位图进行贴图，如图 7-48 所示。

（1）选择一个空白标准材质球，命名为"农舍-墙壁"。

（2）单击 （将材质指定给选定对象）按钮将材质赋给"农舍-墙壁"对象，启用 （在

视图中显示贴图)选项。

（3）在"贴图"卷展栏下的"漫反射颜色"通道中添加"位图"贴图"卵石.jpg"。

（4）在"贴图"卷展栏下的"凹凸"通道中添加"位图"贴图"卵石.jpg"，将"数量"更改为90，如图7-49所示。

图7-48　"卵石"位图

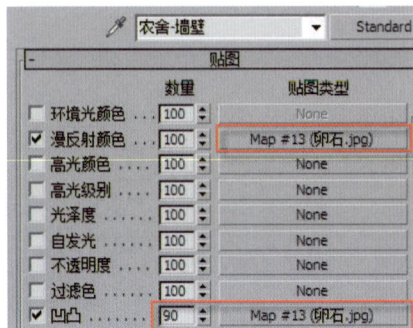

图7-49　"农舍-墙壁"贴图通道

（5）将"UVW贴图"修改器添加给农舍-墙壁。将贴图类型更改为"长方体"，并将"长度""宽度""高度"均设置为5.0m，如图7-50所示。

（6）单击 （渲染）按钮，渲染场景，效果如图7-51所示。

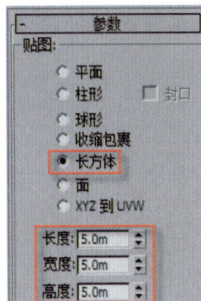

图7-50　"UVW贴图"修改器的参数设置

图7-51　"农舍-墙壁"渲染效果

2）农舍屋顶（"漫反射"通道、"贴图缩放器"修改器）

农舍屋顶使用"瓦片"位图进行贴图，如图7-52所示。

（1）选择一个空白标准材质球，命名为"农舍-屋顶"。

（2）单击 （将材质指定给选定对象）按钮将材质赋给"农舍-屋顶"对象，启用 （在视图中显示贴图）选项。

（3）在"贴图"卷展栏下的"漫反射颜色"通道中添加"位图"贴图"瓦片.jpg"，如图7-53所示。

图 7-52　"瓦片"位图

图 7-53　"农舍-屋顶"贴图通道

（4）将"贴图缩放器"修改器添加给农舍-屋顶。单击 🖐 (渲染)按钮渲染场景，效果如图 7-54 所示。

【提示】由于农舍屋顶有两面山墙，因此如果使用"UVW 贴图"修改器，则纹理将显示不正确。即使调整比例或更改贴图类型，瓦片还是会与山墙的方向不一致。在默认情况下，"贴图缩放器"修改器将包裹纹理，瓦片将沿着屋顶的角度铺设。

3）农舍窗口（漫反射通道、面贴图）

（1）选择一个空白标准材质球，命名为"农舍-窗户"。

（2）单击 🎨 (将材质指定给选定对象)按钮将材质赋给"农舍-窗户"对象，启用 🖼 (在视图中显示贴图)选项。

（3）在"明暗器基本参数"卷展栏中勾选"面贴图"复选框。

（4）在"漫反射颜色"通道中添加"位图"贴图"窗户纹理.jpg"，位图如图 7-55 所示。

图 7-54　"贴图缩放器"修改器的使用

图 7-55　窗户位图

4）农舍门（"漫反射"通道、"UVW 贴图"修改器、"凹凸"通道）

农舍门的材质和贴图的设置比较简单。贴图通道使用的位图如图 7-56 和图 7-57 所示。

（1）选择一个空白标准材质球，命名为"农舍-门"。

（2）单击 🎨 (将材质指定给选定对象)按钮将材质赋给"农舍-门"对象，启用 🖼 (在视

图中显示贴图)选项。

图 7-56　"农舍-门"的漫反射颜色贴图

图 7-57　"农舍-门"的凹凸贴图

（3）在"贴图"卷展栏下的"漫反射颜色"通道中添加"位图"贴图"木纹 1.jpg"。

（4）在"凹凸"通道中添加"位图"贴图"木纹 1-黑白.jpg"，将"凹凸"的"数量"更改为70，如图 7-58 所示。

（5）选择"农舍-门"，添加"UVW 贴图"修改器。在修改器的"参数"卷展栏中选择"长方体"，将"长度""宽度""高度"都设置为 4.0m，如图 7-59 所示。

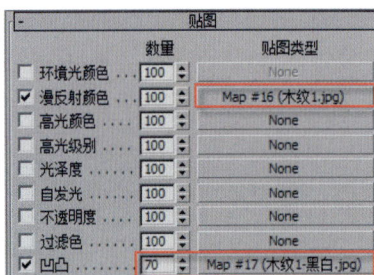

图 7-58　"营房-地板"贴图通道

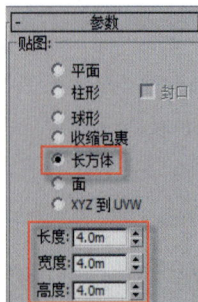

图 7-59　"UVW 贴图"修改器的参数设置

（6）单击 （渲染）按钮渲染场景，效果如图 7-60 所示。

图 7-60　农舍效果

8. 车库（材质复制）

【提示】车库墙壁和车库门使用的材质与农舍门的材质相同，而车库地板与营房地板相同。唯一不同的是车库屋顶，其材质仍采用农舍门的材质，但贴图设置略有不同。

1）车库墙壁和门

（1）在材质编辑器中将农舍-门材质拖曳到场景中的车库-墙壁、车库-右门和车库-左门对象上。

（2）将农舍-门对象的"UVW 贴图"从修改器堆栈中拖曳到场景中的车库-墙壁、车库-右门和车库-左门对象上。

2）车库地板

（1）在材质编辑器中将营房-地板材质拖曳到场景中的车库-地板对象上。

（2）将营房-地板对象的"UVW 贴图"从修改器堆栈中拖曳到场景中的车库-地板对象上。

3）车库屋顶

（1）在材质编辑器中将农舍-门材质拖曳到场景中的车库-屋顶对象上。

（2）将农舍-门对象的"UVW 贴图"从其修改器的堆栈中拖曳到场景中的车库-屋顶对象上。在车库-屋顶对象的 "UVW 贴图"修改器"参数"卷展栏下的"贴图"组中将贴图的类型设置为"平面"，将"长度"和"宽度"更改为 4.0m；在"对齐"组中将对齐轴更改为 Y，如图 7-61 所示。

（3）单击 ⟳（渲染）按钮，观察车库效果，如图 7-62 所示。

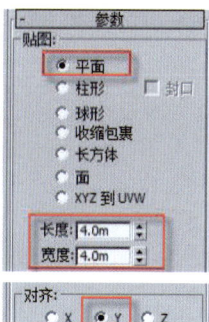

图 7-61 "车库-屋顶"的 "UVW 贴图"
修改器的参数设置

图 7-62 车库效果

案例 23 标准（Standard）材质 2——酒瓶

原始文件	...\场景文件\7\标准材质 2\酒瓶.max
完成文件	...\场景文件\7\标准材质 2\酒瓶（材质完成）.max
参考文件	...\场景文件\7\标准材质 2\酒瓶（材质完成参考）.max
关键技术	"漫反射颜色"通道、"不透明"通道、"反射"通道、"光线跟踪"贴图

续表

参考图	

【操作步骤】

(1)打开教材配套资源文件"...\场景文件\7\标准材质2\酒瓶.max"。

(2)打开材质编辑器,选择一个空白标准材质球,命名为"瓶子",将材质赋给瓶子和瓶盖对象。

(3)在"明暗器基本参数"卷展栏下选择"(A)各向异性";将"漫反射"颜色设置为白色:红、绿、蓝均为255;"高光级别"为183,"光泽度"为66,"各向异性"为50;"自发光"设置为24,如图7-63所示。

(4)在"反射"贴图通道添加"光线跟踪(Raytrace)"贴图,将"数量"设置为40,如图7-64所示。

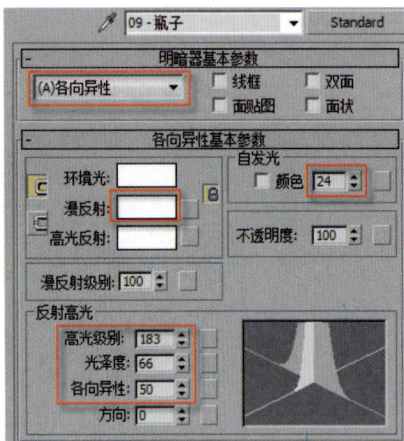

图7-63 酒瓶材质参数

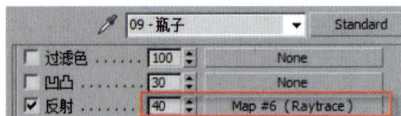

图7-64 瓶子的"反射"贴图通道

(5)选择一个空白标准材质球,命名为"商标",将材质赋给商标对象。设置"高光级别"为63、"光泽度"为47、"自发光"为24。在"漫反射颜色"通道中添加位图"商标.tga",在"不透明度"通道中添加位图"商标黑白.tga",如图7-65所示。

【提示】场景中的商标已经添加了"UVW贴图",贴图类型为"平面"。

(6)选择一个空白标准材质球,命名为"花纹",将材质赋给花纹贴面1和花纹贴面2对象。

(7)设置"高光级别"为63,"光泽度"为47;"自发光"设置为24,在"漫反射颜色"通道

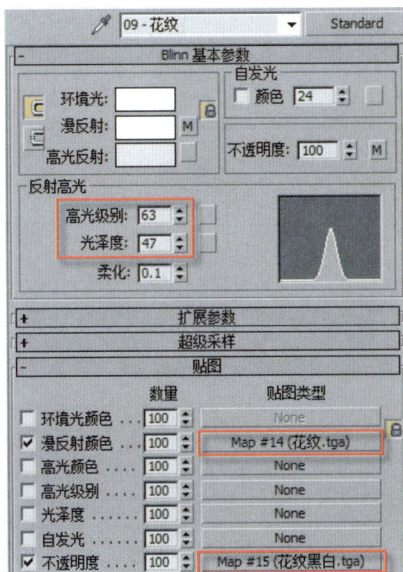

图 7-65   商标材质

中添加位图"花纹.tga",在"不透明度"通道中添加位图"花纹黑白.tga",并在两个通道的"坐标"卷展栏下将 U 的"瓷砖"设置为 12.0,如图 7-66 所示。

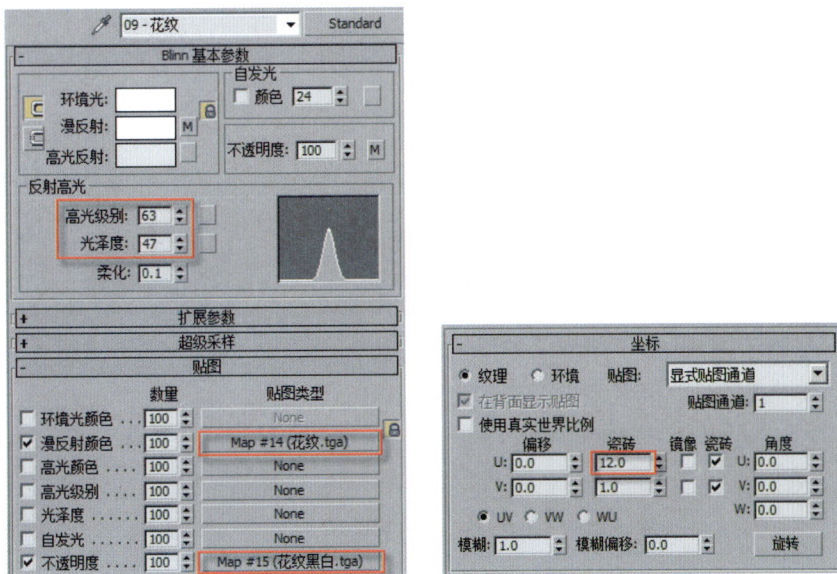

图 7-66   花纹材质

【提示】场景中的花纹贴面 1 和花纹贴面 2 已经添加了"UVW 贴图",贴图类型为"柱形"。

（8）单击"渲染"按钮,效果如图 7-67 所示。

图 7-67　酒瓶效果

实训 16　设置视口背景和环境贴图

原始文件	...\场景文件\7\视口背景和环境贴图\酒瓶.max
完成文件	...\场景文件\7\视口背景和环境贴图\酒瓶(完成).max
关键技术	视口背景和环境贴图
参考图	

【提示】使用视口背景和环境贴图可以非常方便地增强场景的整体效果。

【操作步骤】

（1）打开教材配套资源文件"...\场景文件\7\视口背景和环境贴图\酒瓶.max"。

（2）选择"视图"|"视图背景"|"视口背景"，打开"视口背景"对话框。单击"文件"按钮，选择位图"背景.jpg"，并勾选"显示背景"复选框，视图背景将显示位图，如图 7-68 所示。

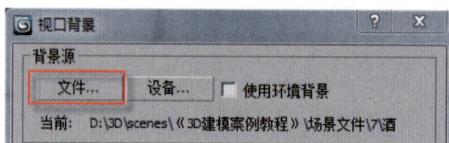

图 7-68　视口背景设置

【提示】如果已经设置了"环境贴图"，则可直接勾选"使用环境背景"复选框，视图将直接使用环境贴图作为背景。

（3）选择"渲染"|"环境"菜单，打开"环境和效果"对话框。勾选"使用贴图"复选框，单击下方按钮选择位图"背景.jpg"，如图 7-69 所示。

（4）单击"渲染"按钮，效果如图 7-70 所示。

图 7-69 环境和效果设置

图 7-70 效果图

【提示】"视口背景"只在视图中显示，"环境贴图"在渲染时显示。如果不设置"环境贴图"，那么即使设置了"视口背景"，渲染时也不会显示视图中设置的背景。一般来说，"视口背景"和"环境贴图"使用相同的位图。

案例 24 标准（Standard）材质 3——盆景

原始文件	...\场景文件\7\标准材质 3\盆景.max
完成文件	...\场景文件\7\标准材质 3\盆景（完成）.max
参考文件	...\场景文件\7\标准材质 3\盆景（参考）.max
关键技术	"双面"显示模式、"漫反射颜色"贴图通道和"不透明度"贴图通道
参考图	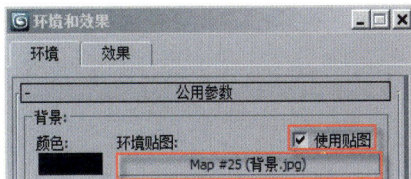

【提示】虽然使用"AEC 扩展"中的"植物"创建植物对象比较方便，但是当需要创建的植物较多时，由于面较多，因此植物的显示会严重影响机器的运行速度和渲染速度。本案例通过设计材质的"漫反射颜色"贴图通道和"不透明度"贴图通道，并将材质赋给两个相互垂直的平面模拟三维植物模型，通过这种方法创建的植物对象的面比较少，也比较灵活。

【操作步骤】

(1)打开教材配套资源文件"...\场景文件\7\标准材质3\盆景.max"。

【提示】场景中已经创建了花盆对象 Line01,以及作为植物的两个互相垂直的平面对象 Plane001 和 Plane002,如图 7-71 所示。

(2)打开材质编辑器,选择一个空白标准材质球,命名为"植物"。在"明暗器基本参数"卷展栏下勾选"双面"复选框;在"Blinn 基本参数"卷展栏下的"反射高光"组中将"高光级别"和"光泽度"设置为 0,如图 7-72 所示。

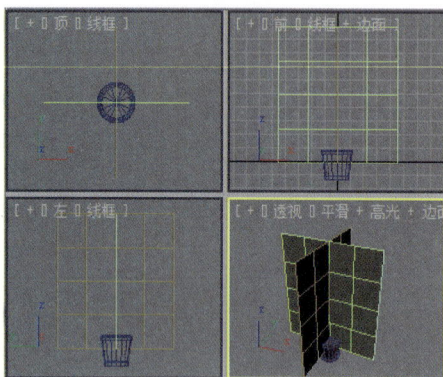

图 7-71　原始场景

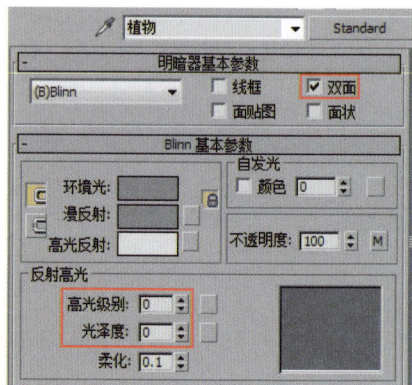

图 7-72　参数设置

(3)在"贴图"卷展栏下的"漫反射颜色"通道中添加位图"植物.tga",在"不透明度"通道中添加位图"植物-黑白.tga",如图 7-73 所示。

图 7-73　贴图通道

(4)将"植物"材质赋给两个平面对象 Plane001 和 Plane002,如图 7-74 所示。

(5)单击"渲染"按钮,观察效果图,如图 7-75 所示。

图 7-74　添加材质

图 7-75　效果图

案例 25 多维/子对象（Multi/Sub-Object）材质——酒盒

原始文件	...\场景文件\7\多维子对象材质\酒盒.max
完成文件	...\场景文件\7\多维子对象材质\酒盒（材质完成）.max
参考文件	...\场景文件\7\多维子对象材质\酒盒（材质完成参考）.max
关键技术	"多维/子对象"材质（"标准"材质）
参考图	

【提示】如果一个对象有多个面（多边形），而且不同的面使用不同的贴图，则可使用"多维/子对象"材质，虽然每个面使用不同的材质和贴图，但是一个对象只需要一个材质球。本案例中的酒盒使用"多维/子对象"材质。

【操作步骤】

（1）打开教材配套资源文件"...\场景文件\7\多维子对象材质\酒盒.max"。

（2）在透视图中选择"酒盒"对象，切换到"修改"选项卡，进入"多边形"子层级。分别选择酒盒的正面、反面、侧面和顶面，在"曲面属性"卷展栏下的"材质"组中分别设置ID值为1、2、3、4，如图7-76所示。

（3）打开材质编辑器，选择一个空白标准材质球，命名为"酒盒"，将材质赋给"酒盒"对象。

（4）单击Standard按钮，在弹出的"材质/贴图浏览器"中选择"多维/子对象"材质。单击"设置数量"按钮，将数量改为4，如图7-77所示。

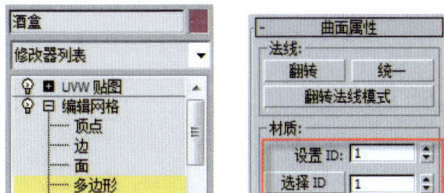

图 7-76 酒盒正面材质 ID 设置　　　　图 7-77 "多维/子对象"材质

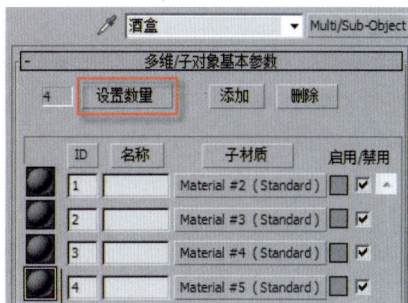

【提示】"多维/子对象基本参数"卷展栏下的 ID 分别与"酒盒"对象的 4 个面所设置的材质 ID 对应。

（5）分别单击"子材质"下的 4 个按钮，在其标准材质的"漫反射颜色"通道内各添加一张位图："酒盒包装正面.jpg""酒盒包装反面.jpg""酒盒包装侧面.jpg""酒盒包装顶面.jpg"。将材质的"高光级别"设置为 90，"光泽度"设置为 20，酒盒正面标准材质的设置如图 7-78 所示。

（6）完成后的酒盒"多维/子对象"材质如图 7-79 所示。

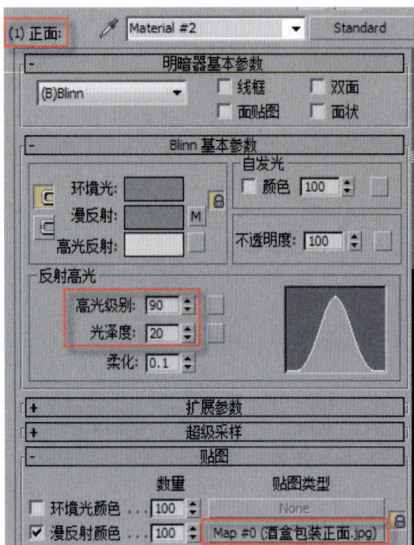

图 7-78　酒盒正面标准材质设置

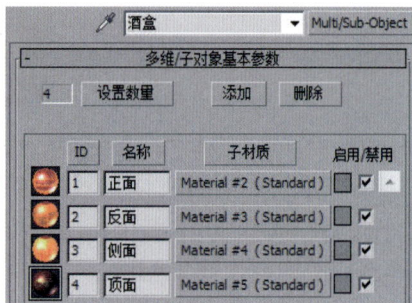

图 7-79　完成酒盒材质

【提示】在"多维/子对象基本参数"卷展栏下的"名称"栏中输入各面的名称是为了防止混淆贴图。

（7）单击"渲染"按钮，效果如图 7-80 所示。

图 7-80　酒盒材质效果

案例 26　无光/投影（Matte/Shadow）材质——花篮

原始文件	...\场景文件\7\无光投影材质\花篮.max
完成文件	...\场景文件\7\无光投影材质\花篮（材质完成）.max
关键技术	"无光/投影（Matte/Shadow）"材质
原始图	
完成图	

【提示】在环境贴图中使用位图作为场景的背景可以增强效果。为了使三维对象在环境贴图上产生投影效果，同时又不影响环境贴图背景的显示，可在场景中合适的位置创建"平面"对象，并赋予"无光/投影（Matte/Shadow）"材质以实现这种效果。

【操作步骤】

（1）打开教材配套资源文件"...\场景文件\7\无光投影材质\花篮.max"。

（2）在 Camera001 视图下，单击"渲染"按钮，观察效果图，如图 7-81 所示。

【提示】场景中虽然设置了一个目标平行光和一盏泛光灯（有关灯光的知识将在第 8 章介绍），但灯光没有在环境贴图上产生投影效果。

（3）在顶视图创建一个标准基本体"平面"对象 Plane001。设置"长度"为 6000.0mm，"宽度"为 9000.0mm。

（4）打开材质编辑器，选择一个空白材质球，命名为"投影"，单击"标准（Standard）"按钮，在"材质/贴图浏览器"中选择"无光/投影材质（Matte/Shadow）"选项，如图 7-82 所示。

图 7-81　无投影效果图

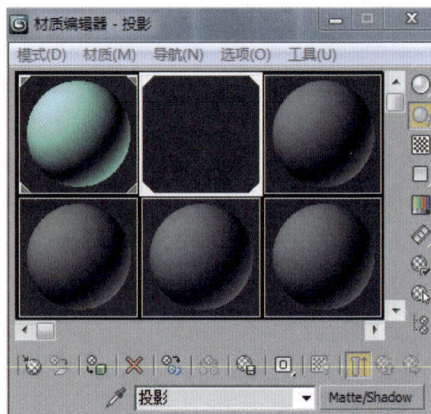

图 7-82　"无光/投影"材质

（5）将"投影"材质赋给平面 Plane001。

（6）单击"渲染"按钮，观察效果图中花篮在背景贴图上的投影效果，如图 7-83 所示。

图 7-83　投影效果图

案例 27　建筑与设计（Arch & Design）材质——房间 1

原始文件	...\场景文件\7\建筑与设计材质\房间.max
完成文件	...\场景文件\7\建筑与设计材质\房间（材质完成）.max
关键技术	mental ray 的 Arch&Design（建筑与设计）材质、mr Physical Sky 环境贴图
完成图	

【提示】使用 Arch & Design(建筑与设计)材质可以快速制作各种超现实的材质效果。mental ray 材质是专门用于 mental ray 渲染器的材质,只有当渲染器指定为 mental ray 时,这些材质在"材质/贴图浏览器"中才可见。

【操作步骤】

1. 设置 mental ray 渲染器

(1) 打开教材配套资源文件"…\场景文件\7\建筑与设计材质\房间.max"。

(2) 选择"渲染"|"渲染设置"菜单,打开"渲染设置"对话框,打开"公用"选项卡的"指定渲染器"卷展栏,单击"产品级"右侧的按钮,打开"选择渲染器"对话框,选择 mental ray 渲染器,如图 7-84 所示。

(3) 打开材质编辑器,单击默认材质选择按钮,打开"材质/贴图浏览器",窗口中会显示 mental ray 材质,如图 7-85 所示。

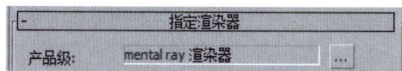

图 7-84　指定 mental ray 渲染器

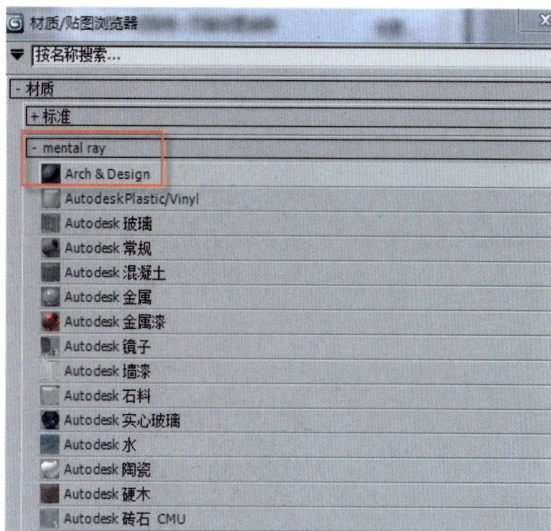

图 7-85　mental ray 材质

【提示】Arch & Design 材质专门用于建筑和产品设计,Autodesk 材质是一组基于制造业供应数据和专业图像的 mental ray 材质库。

2. 浅绿色墙壁

(1) 打开材质编辑器,选择一个空白材质球,命名为"浅绿色"。

(2) 单击 Standard 按钮,在弹出的"材质/贴图浏览器"中选择 Arch&Design 材质。在"模板"卷展栏下选择材质类型"无光磨光";在"主要材质参数"卷展栏下将"漫反射"组中的"颜色"设置为浅绿色:红为 0.69、绿为 0.898、蓝为 0.447,如图 7-86 所示。

【提示】一般来说,在指定 mental ray 渲染器后,空白材质球的默认材质就是 Arch&Design 材质。

(3) 将材质赋给"浅绿色墙壁"对象。

3. 白色墙壁

(1) 将"浅绿色"材质球拖曳到一个空白材质球上,命名为"白色"。在"主要材质参数"卷展栏下将"漫反射"组中的"颜色"设置为纯白色:红为 1.0、绿为 1.0、蓝为 1.0,如

图 7-87 所示。

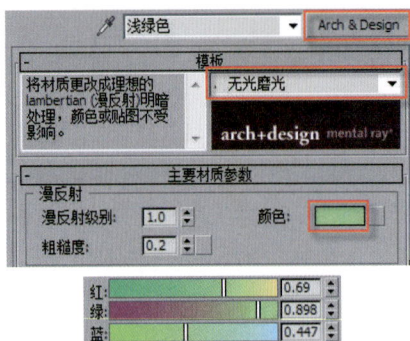

图 7-86 "浅绿色"建筑材质

图 7-87 "白色"墙壁材质

（2）将材质赋给"白色墙壁"对象。

4. 木地板

（1）选择一个空白材质球，命名为"木地板"。

（2）单击 Standard 按钮，在弹出的"材质/贴图浏览器"中选择 Arch&Design 材质。在"主要材质参数"卷展栏下单击"漫反射"组中的"颜色"按钮添加位图"木地板.jpg"；将"光泽度"设置为 0.5，将"光泽采样数"设置为 15，如图 7-88 所示。

（3）在"特殊用途贴图"卷展栏下勾选"凹凸"复选框，将"数量"设置为 0.3。单击右侧的 None 按钮，添加位图"木地板(凹凸).jpg"，如图 7-89 所示。

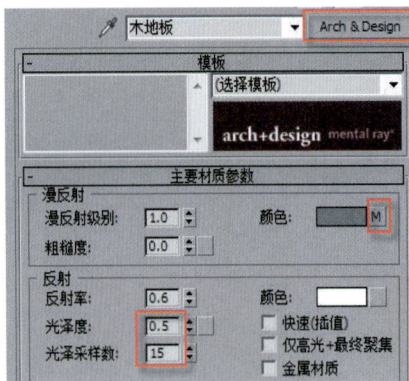

图 7-88 "木地板"材质

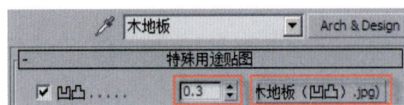

图 7-89 "混合"贴图

（4）将材质赋给"地板"对象。

（5）给"地板"对象添加"UVW 贴图"修改器。选择"平面"选项，设置"长度"为 650.0mm、"高度"为 530.0mm。

（6）单击"渲染"按钮，效果如图 7-90 所示。

5. 环境贴图(mr Physical Sky)

（1）选择"渲染"|"环境"选项，打开"环境和效果"对话框，勾选"使用贴图"复选框，单击"环境贴图"下方的按钮，打开"材质/贴图浏览器"窗口，在 mental ray 贴图组中选择 mr Physical Sky，如图 7-91 所示。

图 7-90 墙壁、木地板效果图

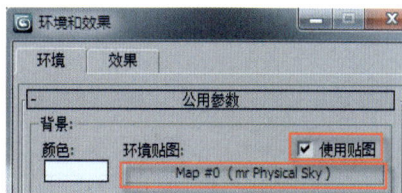

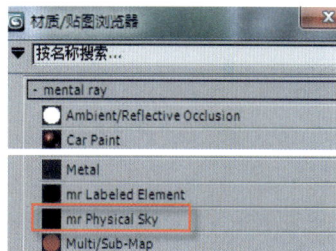

图 7-91 mr Physical Sky 环境贴图

（2）单击"渲染"按钮，效果如图 7-92 所示。

图 7-92 环境贴图（mr Physical Sky）效果

【提示】观察使用环境贴图（mr Physical Sky）后窗户外的天空效果的变化，环境贴图（mr Physical Sky）专门用来模拟天空效果。

7.4 材质库的创建和调用

可以将完成好的材质存储到材质库中，并保存为单独的材质文件；在其他场景中调入保存的材质文件就可以直接使用，大大提高了设计材质的效率。

实训 17 材质库的创建和调用方法

原始文件	...\场景文件\7\标准材质\军营.max
原始文件	...\场景文件\7\标准材质\军营（材质完成）.max

完成文件	...\场景文件\7\标准材质\军营(材质库创建).max
完成文件	...\场景文件\7\标准材质\军营(材质库调用).max
关键技术	材质库的创建和调用方法

【操作步骤】

1. 创建材质库

(1) 打开教材配套资源文件"...\场景文件\7\标准材质\军营(材质完成).max"。

(2) 单击材质编辑器下的 (获取材质)按钮,打开"材质/贴图浏览器"。单击 (材质/贴图浏览器选项)按钮,在下拉菜单中选择"新材质库",在弹出的"创建新材质库"对话框中输入新材质库的名称"我的材质库"。在"材质/贴图浏览器"中选择"我的材质库",如图 7-93 所示。

(3) 选择"发电机"材质球,单击材质编辑器下的 (放入库)按钮,在弹出的菜单中选择"我的材质库";在弹出的"放置到库"对话框中输入名称"发电机",单击"确定"按钮。"材质/贴图浏览器"中的"我的材质库"中会显示保存的"发电机"材质。用同样的方法保存"油罐"和"弹药箱"材质,如图 7-94 所示。

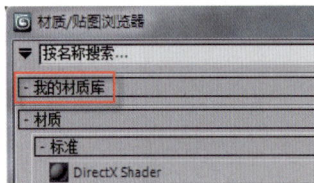

图 7-93　新建材质库

图 7-94　我的材质库

(4) 右击"我的材质库",在弹出的快捷菜单中选择"另存为"命令,在弹出的窗口中选择材质库的保存路径"...\场景文件\7\标准材质\",并输入材质库名称"我的材质库",将保存扩展名为 mat 的材质库文件"我的材质库.mat",如图 7-95 所示。

图 7-95　保存材质库

(5) 右击"我的材质库",在弹出的快捷菜单中选择"关闭材质库"命令,如图 7-96 所示。

2. 调用材质库

(1) 打开教材配套资源文件"...\场景文件\7\标准材质\军营.max"。

(2) 打开材质编辑器,单击 (获取材质)按钮,打开"材质/贴图浏览器",单击 (材质/贴图浏览器选项)按钮,在下拉菜单中选择"打开材质库"命令,在弹出的"导入材质库"对话框中选择"我的材质库.mat"。在"材质/贴图浏览器"中将显示"我的材质库",如

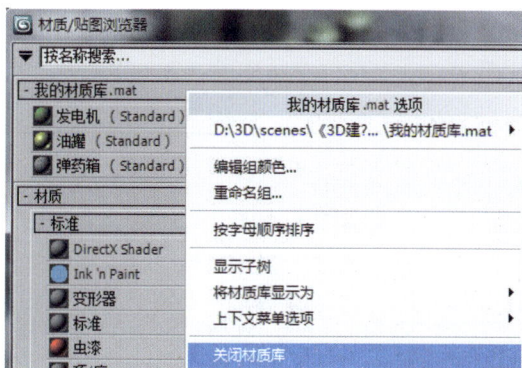

图 7-96　关闭材质库

图 7-97 所示。

（3）将"我的材质库"中的"发电机""油罐""弹药箱"材质分别拖曳到 3 个空白材质球上，完成材质库中材质的调用，如图 7-98 所示。

图 7-97　导入材质库

图 7-98　调用材质

7.5　外部文件路径和资源收集器

1. 外部文件路径

一般来说，在使用贴图之前，最好将贴图素材复制到 max 文件目录下，并将素材和 max 文件一起移动和存储，可以避免在移动 max 文件后无法找到贴图文件。

如果 max 文件没有和贴图素材一起移动，那么当打开 max 文件时将弹出"缺少外部文件"对话框。可单击"浏览"按钮配置外部文件路径，如图 7-99 所示。

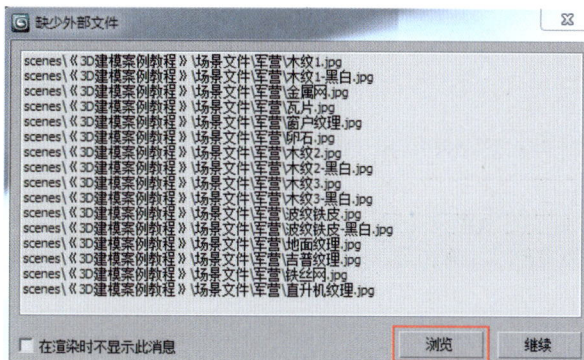

图 7-99　"缺少外部文件"对话框

在弹出的"配置外部文件路径"对话框中单击"添加"按钮，将贴图素材所在的路径添加到列表中，如图 7-100 所示。

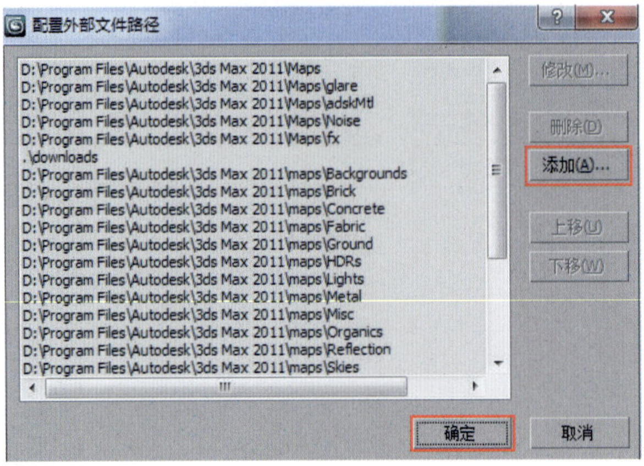

图 7-100　"配置外部文件路径"对话框

2. 资源收集器

如果在贴图之前没有将所有贴图素材复制到 max 文件目录下，那么在完成贴图之后还可以使用"资源收集器"非常方便地将场景中所有对象的贴图素材收集在一起，避免贴图素材的丢失。

实训 18　资源收集器的使用

原始文件	...\场景文件\7\标准材质\军营（材质完成）.max
关键技术	资源收集器的使用方法

【操作步骤】

（1）打开教材配套资源文件"...\场景文件\7\标准材质\军营（材质完成）.max"。

（2）单击"工具"选项卡下的"更多"按钮，打开"工具"对话框，选择"资源收集器"，单击"确定"按钮，如图 7-101 所示。

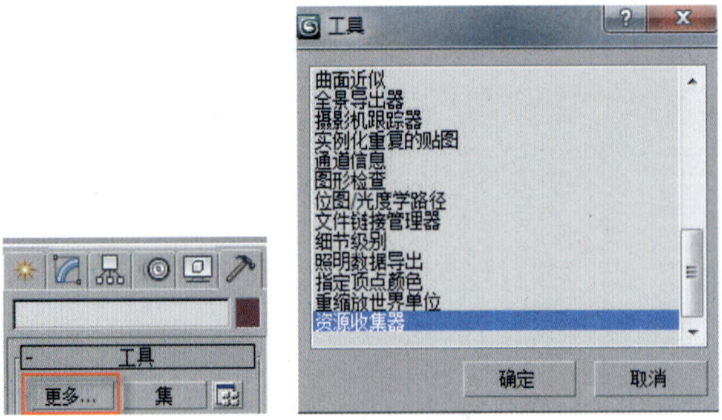

图 7-101　"资源收集器"工具

（3）在"参数"卷展栏下单击"浏览"按钮选择输出路径，默认输出路径为"...\archives"，

确认勾选"收集位图"复选框，勾选"包括 MAX 文件"复选框，单击"开始"按钮，完成 max 文件和位图的输出，如图 7-102 所示。

（4）打开输出路径"...\archives"下的文件夹，可看到收集的 max 文件和所有素材文件，如图 7-103 所示。

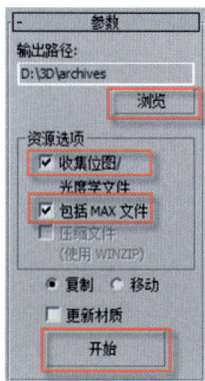

图 7-102 "资源收集器"参数设置

图 7-103 资源收集

思考与练习

（1）材质和贴图有何区别？

（2）"环境光"颜色和"漫反射"颜色分别决定了材质的什么属性？

（3）"高光级别"和"光泽度"分别决定了反射光的什么属性？

（4）在"凹凸"通道中使用黑白位图和使用彩色位图有何不同？

（5）"无光/投影材质"有何作用？

（6）使用 mr Physical Sky 环境贴图有何特点？

（7）在打开材质编辑器时，发现原来设计的材质球无法正常显示，这可能是由于哪些原因导致的？

（8）在什么情况下需要给对象添加"UVW 贴图"修改器？ 如何在新的 max 文件中使用其他 max 文件中设计好的材质？

（9）在打开 max 文件时，经常会弹出窗口提示"缺少外部文件"，这是由于什么原因引起的？ 如何解决这个问题？

第8章　灯光技术

【教学目标】
- 掌握标准灯光的使用方法。
- 掌握光度学灯光的使用方法。
- 掌握日光系统的使用方法。

8.1　灯光基础

8.1.1　灯光类型

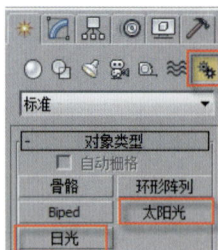

灯光是模拟实际灯光的对象,不同种类的灯光可以模拟真实世界中不同种类的光源。3ds Max 提供了两种类型的灯光:光度学灯光和标准灯光。

【提示】如果已安装 VRay 渲染器,则可以使用 VRay 灯光,如图 8-1 所示。

"日光"和"太阳光"属于一种特殊的光度学灯光,放置在"系统"选项卡下,如图 8-2 所示。

【提示】当场景中没有设置灯光时,场景使用默认的照明。可选择"视图"|"视图配置"选项打开"视口配置"对话框,切换到"照明和阴影"选项卡。默认照明由一个或者两个不可见的灯光组成:一个位于场景上方偏左的位置,另一个位于场景下方偏右的位置,如图 8-3 所示。创建灯光后,默认的照明将被自动禁用。

图 8-1　灯光类型　　　　　图 8-2　日光系统　　　　　图 8-3　默认灯光设置

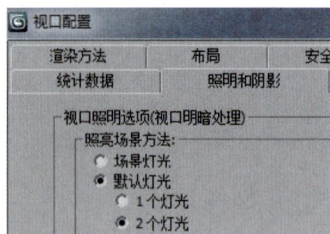

8.1.2　灯光布置

一般会在场景的不同方位布置 3 盏灯光以实现照明。这 3 盏灯光分别作为场景的

主光源、背景光源和辅助光源。

1. 主光源

主光源是场景中的主要光源。一般放置在场景的左前方或者右前方，其强度最大，一般需要设置阴影效果。例如，可使用平行光和聚光灯作为主光源。

2. 背景光源

背景光源是场景中的次要光源。一般放置在场景的上方，其强度比主光源弱，用来提高场景的整体亮度，以展示场景的深度。例如，可使用天光作为背景光源。

3. 辅助光源

辅助光源一般用来对较暗的区域进行补光。例如，可使用泛光灯作为辅助光源。

8.2 标准灯光

标准灯光是基于计算机的模拟灯光。不同种类的灯光可用不同的方法投影灯光，以模拟不同种类的光源。与光度学灯光不同，标准灯光不具有基于物理的强度值。标准灯光有 8 种类型：目标聚光灯、自由聚光灯、目标平行光、自由平行光、泛光灯、天光、mr 区域泛光灯和 mr 区域聚光灯，如图 8-4 所示。

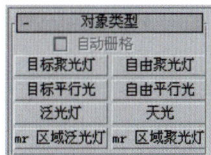

图 8-4　标准灯光类型

8.2.1　目标平行光

平行光主要用于模拟太阳光。当太阳在地球表面上投影时，所有平行光沿一个方向投射平行光线。可以调整灯光的颜色和位置并在 3D 空间中旋转灯光。

案例 28　目标平行光——军营白天

原始文件	...\场景文件\8\军营.max
完成文件	...\场景文件\8\军营(目标平行光完成).max
关键技术	目标平行光的阴影、倍增、聚光区/光束、衰减区/区域和密度、泛光灯
原始图	

续表

完成图	

【操作步骤】

(1) 打开教材配套资源文件"...\场景文件\8\军营.max"。

(2) 单击"渲染"按钮,首先观察使用默认灯光时场景的照明效果。

【提示】使用默认灯光进行照明时,虽然场景比较清晰,但是没有阴影,缺乏层次感。

(3) 在 ⚙(创建)面板下单击 ◁(灯光)按钮,在下拉列表中选择"标准"选项,在"对象类型"卷展栏下单击激活"目标平行光"按钮。

(4) 在顶视图通过拖动创建一个"目标平行光"对象。在顶视图和前视图中适当调整目标平行光对象的位置和高度,如图 8-5 所示。

图 8-5 创建目标平行光对象

【提示】目标平行光包括光源(Direct001)和目标(Direct001.Target)两部分,它们的位置可以单独调整。

(5) 选择目标平行光对象 Direct001,切换到"修改"选项卡。在"常规参数"卷展栏下勾选"阴影"组下的"启用"复选框,在下拉菜单中选择"光线跟踪阴影"选项,如图 8-6 所示。

(6) 在"强度/颜色/衰减"卷展栏下将"倍增"设置为 1.35,如图 8-7 所示。

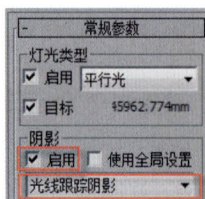

图 8-6 启用阴影

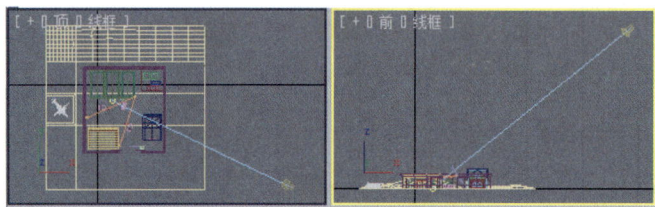

图 8-7 调节倍增值

（7）在"平行光参数"卷展栏下将"聚光区/光束"设置为 62992.0mm，将"衰减区/区域"设置为 63042.8mm，如图 8-8 所示。

（8）在"阴影参数"卷展栏下将"密度"设置为 0.75，如图 8-9 所示。

图 8-8　调节聚光束和衰减区大小　　　　　　图 8-9　调节阴影密度

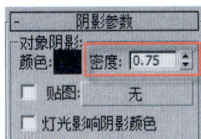

（9）单击"渲染"按钮，观察场景中的灯光效果，如图 8-10 所示。

图 8-10　目标平行光的效果

【提示】虽然目标平行光作为主光源基本完成了场景的照明，但是场景中的局部区域太暗，整体效果还不够完美。

8.2.2　泛光灯

泛光灯从单个光源向各个方向投射光线，主要用于将辅助照明添加到场景中或模拟点光源。

在案例 28 中，营房左方太暗，可以在场景的左上方添加一个泛光灯作为辅助照明。

【操作步骤】

（1）在 ❀（创建）面板下单击 ◎（灯光）按钮，在下拉列表中选择"标准"，在"对象类型"卷展栏下单击激活"泛光灯"按钮。

（2）在顶视图左前方通过单击创建一个泛光灯对象 Omni001，在顶视图和前视图适当调整泛光灯的位置和高度，如图 8-11 所示。

（3）在顶视图选择创建的泛光灯 Omni001，切换到"修改"选项卡，在"强度/颜色/衰减"卷展栏下将"倍增"设置为 0.5。

（4）单击"渲染"按钮，观察添加泛光灯后场景的照明效果，如图 8-12 所示。

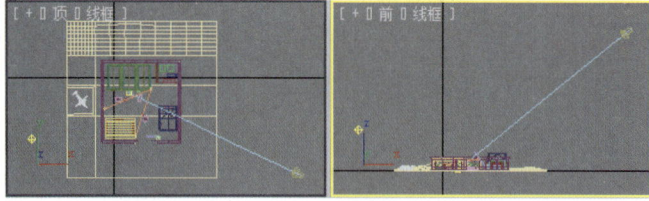

图 8-11　添加泛光灯

图 8-12　添加泛光灯后的效果

8.3　光度学灯光

　　光度学灯光使用光度学(光能)值精确定义灯光。可以创建具有各种分布和颜色特性的灯光,或导入照明制造商提供的特定光度学文件。光度学灯光类型包括目标灯光、自由灯光和 mr Sky 门户,如图 8-13 所示。

图 8-13　光度学对象类型

案例 29　光度学灯光——军营夜晚

原始文件	...\场景文件\8\军营.max
完成文件	...\场景文件\8\军营（光度学自由灯光完成）.max
关键技术	mr 摄影曝光控制、摄影曝光；光度学自由灯光模板：400W 街灯（web）、100W 灯泡和 4ft 吊式荧光灯（Web），颜色分别为白炽灯、开尔文、荧光（白色）；环境贴图输出量、阴影
原始图	
完成图	

【操作步骤】

打开教材配套资源文件"...\场景文件\8\军营.max"。

将"渲染器"指定为"mental ray 渲染器"，如图 8-14 所示。

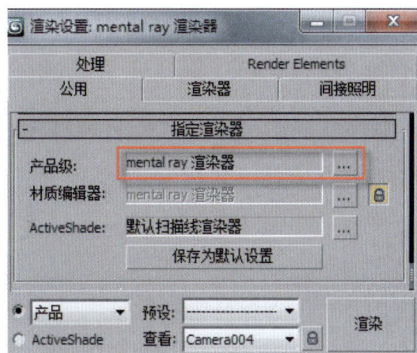

图 8-14　指定"mental ray 渲染器"

1. 广场吊灯照明：400W街灯（web）

（1）在 ✦（创建）面板下单击 ⬙（灯光）按钮，在下拉列表中选择"光度学"选项，在"对象类型"卷展栏下单击"自由灯光"按钮，如图8-15所示。

（2）弹出"创建光度学灯光"对话框，询问是否使用mr摄影曝光控制，单击"是"按钮，如图8-16所示。

图8-15 创建光度学自由灯光

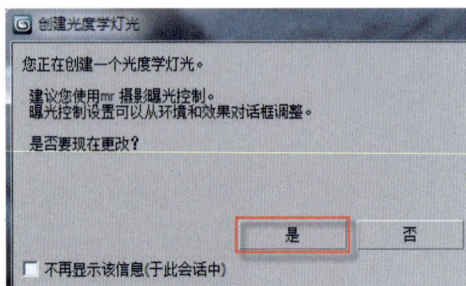

图8-16 指定"mr摄影曝光控制"

（3）选择"渲染"|"环境"选项，打开"环境和效果"对话框，可以看到，此时"曝光控制"卷展栏下已自动设置为"mr摄影曝光控制"，如图8-17所示。

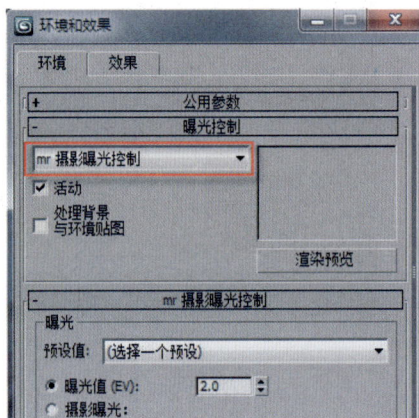

图8-17 "曝光控制"参数

（4）在顶视图中，单击吉普001上方的吊灯灯罩中心创建第一盏吊灯（光度学自由灯光）PhotometricLight001。在前视图移动新建的吊灯到灯罩下方，如图8-18所示。

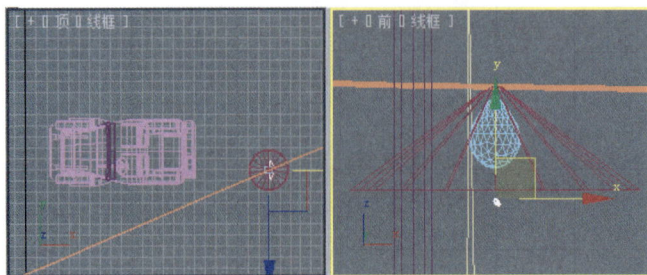

图8-18 第一盏吊灯

【提示】不要将"吊灯"对象置于灯泡内部,否则"灯泡"对象将投射不需要的阴影。

(5)转至 面板。在"模板"卷展栏下打开下拉列表并选择"400W 街灯(web)",如图 8-19 所示。

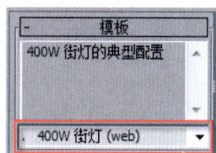

(6)在"强度/颜色/衰减"卷展栏下的"颜色"组中打开下拉列表并选择"白炽灯",如图 8-20 所示。

(7)在"常规参数"卷展栏下的"阴影"组中勾选"启用"复选框,如图 8-21 所示。

图 8-19 选择模板"400W 街灯（web）"

(8)在"阴影贴图参数"卷展栏下将"偏移"减小到 0.0;将"采样范围"设置为 12.0,如图 8-22 所示。

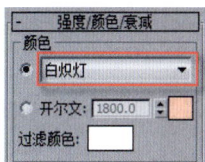

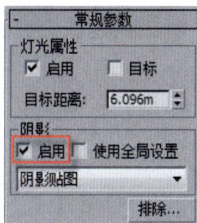

图 8-20 颜色设置　　　　图 8-21 启用阴影　　　　图 8-22 阴影贴图参数

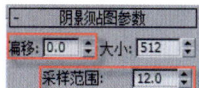

【提示】当"采样范围"的值大于零时将生成边线模糊的阴影。

(9)激活 Camera004 视图并单击 按钮渲染场景,如图 8-23 所示。

图 8-23 灯光渲染效果

【提示】场景曝光设置得过高。

(10)选择"渲染"|"环境"选项,并打开"环境和效果"对话框。在"mr 摄影曝光控制"卷展栏下的"曝光"组中选择"摄影曝光",将"快门速度"设定为 1.0,如图 8-24 所示。

(11)再次单击"渲染"按钮,渲染效果如图 8-25 所示。

(12)在顶视图选择第一盏吊灯,按住 Shift 键并移动吊灯,通过"实例"克隆的方式复制第二盏吊灯 PhotometricLight002,调节位置到第二个灯罩下方,如图 8-26 所示。

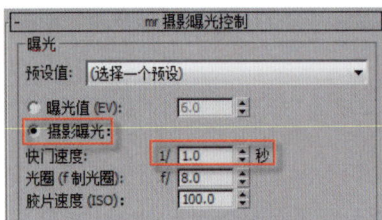

图 8-24　"摄影曝光"的设置

图 8-25　减弱曝光后的灯光渲染效果

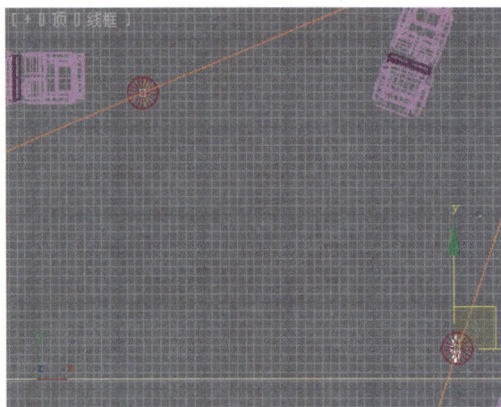

图 8-26　复制创建第二盏吊灯

2. 营房门灯照明：100W 灯泡

（1）在 ⚙（创建）面板下单击 💡（灯光）按钮，在下拉列表中选择"光度学"，在"对象类型"卷展栏下单击"自由灯光"按钮。在顶视图单击左侧的营房入口上方的照明设备中心，创建营房门灯对象 PhotometricLight003，在前视图调整"灯光"对象的高度，使其与照明设备水平，如图 8-27 所示。

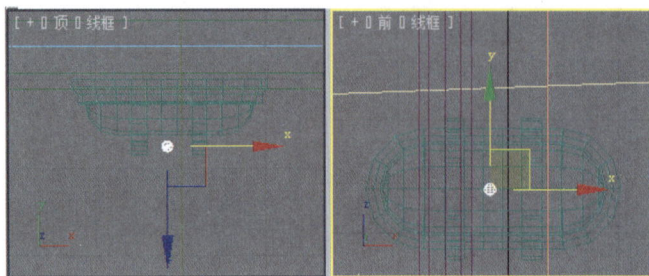

图 8-27　创建营房门灯

（2）选中营房门灯对象 PhotometricLight003，转到 ▨（修改）面板。在"模板"卷展栏下打开下拉列表，选择"100W 灯泡"，如图 8-28 所示。

（3）在"强度/颜色/衰减"卷展栏下的"颜色"组中选择"开尔文"，输入值为 8000.0，灯泡投射出淡蓝色，如图 8-29 所示。

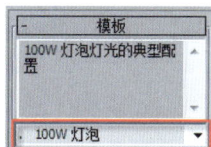

图 8-28　选择模板"100W 灯泡"　　　　图 8-29　选择"开尔文"颜色

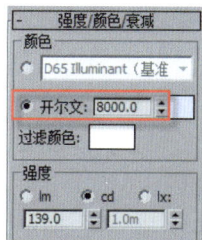

（4）在顶视图中选择创建的"灯光"对象，按住 Shift 键并移动灯光，通过"实例"克隆的方式复制另外两个"灯光"对象，分别放置在另外两个营房入口的上方，如图 8-30 所示。

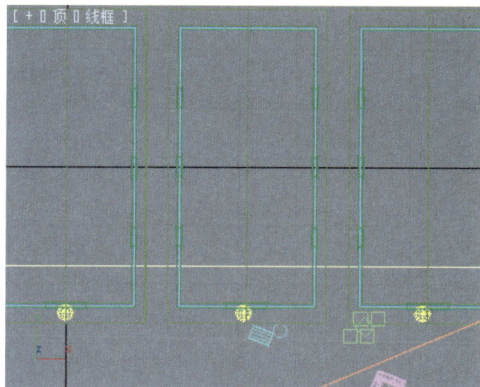

图 8-30　复制两盏营房门灯

（5）激活 Camera004 视图并单击 ▨（渲染）按钮渲染场景，如图 8-31 所示。

图 8-31　营房门灯效果

3. 营房内部照明：4ft 吊式荧光灯（web）

（1）在 ✦（创建）面板下单击 🔦（灯光）按钮，在下拉列表中选择"光度学"，在"对象类型"卷展栏下单击"自由灯光"按钮。在顶视图单击右侧营房内的某位置创建灯光 PhotometricLight004，如图 8-32 所示。

（2）在前视图使用"选择并移动"工具调整灯光的高度，使其位于右侧营房内的地面之上、屋顶之下的某个位置，如图 8-33 所示。

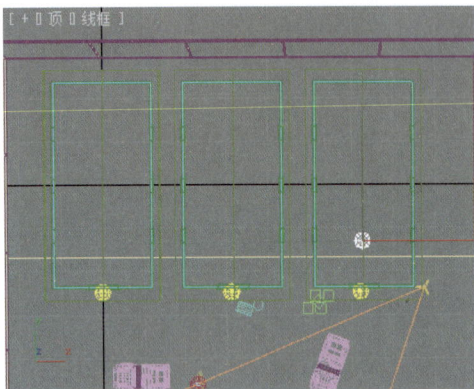

图 8-32　创建营房内的自由灯光

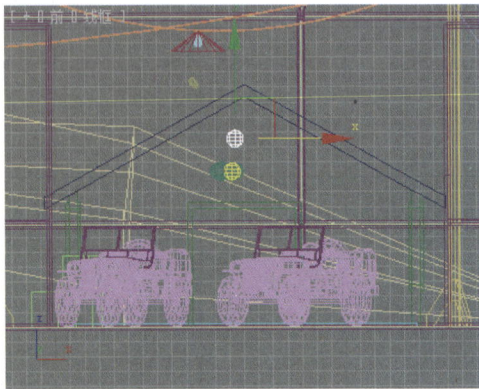

图 8-33　调整自由灯光的位置

（3）转至 ☑（修改）面板，在"模板"卷展栏下打开下拉列表并选择"4ft 吊式荧光灯（web）"选项，如图 8-34 所示。

（4）在"强度/颜色/衰减"卷展栏下，在"颜色"下拉列表中选择"荧光（白色）"选项，如图 8-35 所示。

（5）在"常规参数"卷展栏下的"阴影"组中勾选"启用"复选框，如图 8-36 所示。

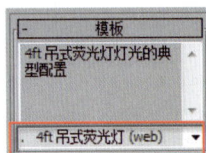

图 8-34　使用模板"4ft 吊式荧光灯（web）"

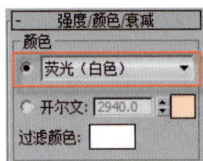

图 8-35　使用"荧光（白色）"

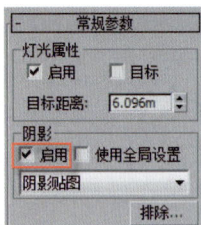

图 8-36　启用灯光阴影

（6）在顶视图中按住 Shift 键并移动灯光，通过"实例"克隆的方式复制两个荧光灯光，使其沿着营房长度均匀分布，如图 8-37 所示。

（7）激活 Camera004 视图，然后单击 🖨（渲染）按钮渲染场景，如图 8-38 所示。

【提示】环境贴图太亮，夜景显得不真实。

4. 调整环境贴图

（1）打开材质编辑器和"环境和效果"对话框。拖曳"环境和效果"对话框中的"环境贴图"按钮到材质编辑器中的一个空白材质球上，用"实例"克隆的方式复制环境贴图到材质球上，如图 8-39 所示。

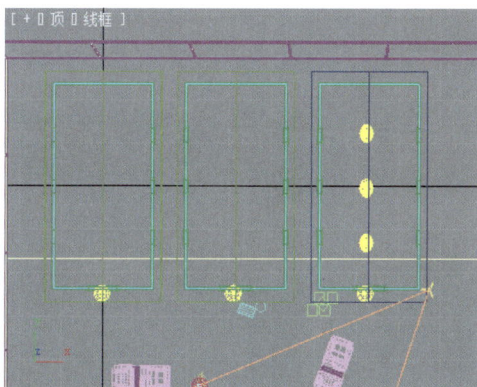

图 8-37 实例复制自由灯光

图 8-38 添加右侧营房内的灯光效果

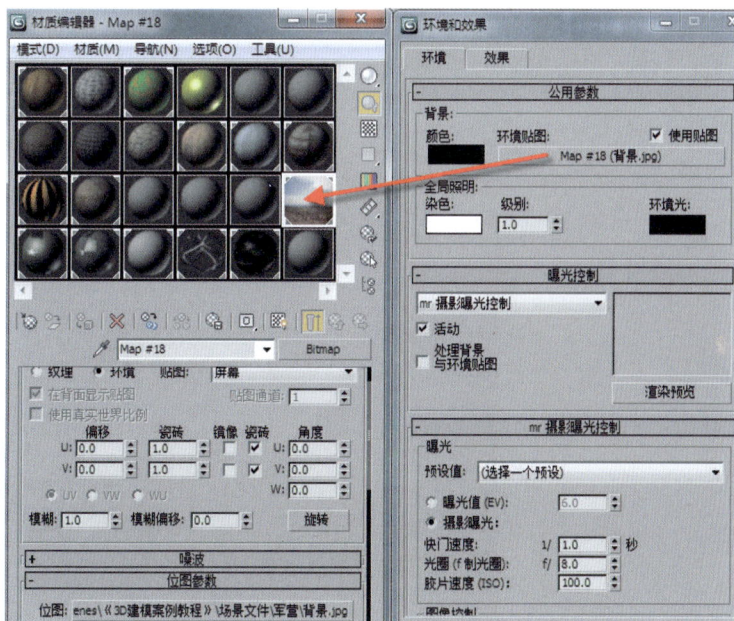

图 8-39 复制"环境贴图"到空白材质球

（2）在环境贴图材质球的"输出"卷展栏下将"输出量"减少到 0.33，如图 8-40 所示。

（3）单击 📷（渲染）按钮，渲染 Camera004 视图，如图 8-41 所示。

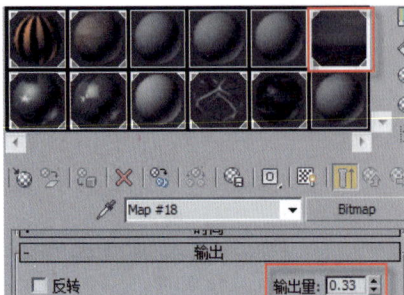

图 8-40　减小"环境贴图"的输出量

图 8-41　减暗环境贴图后的效果图

8.4　日光系统

日光系统可以使用系统中的灯光，该系统遵循太阳在地球上的给定位置符合地理学角度的日光照明，可以选择位置、日期、时间和指南针方向。mental ray 渲染器提供了一系列预设的曝光参数，也可以根据需要手动调整。使用日光系统照明时，一般采用 mental ray 渲染器。

案例 30　日光系统——军营日光

原始文件	...\场景文件\8\军营.max
完成文件	...\场景文件\8\军营（日光系统-上午）（完成）.max ...\场景文件\8\军营（日光系统-下午）（完成）.max ...\场景文件\8\军营（日光系统-傍晚）（完成）.max
关键技术	日光系统、mr 摄影曝光控制、光圈、快门速度、mr Physical Sky 环境贴图
原始图	

完成图 （上午）	
完成图 （下午）	
完成图 （傍晚）	

【操作步骤】

打开教材配套资源文件"...\场景文件\8\军营.max"。

将渲染器从"默认扫描线渲染器"切换到"mental ray 渲染器"。

【提示】由于案例中将使用"mr 摄影曝光控制"、mr Sun、mr Sky 和 mr Physical Sky 环境贴图，因此必须将渲染器设置为"mental ray 渲染器"。

1. 创建日光系统

（1）在 （创建）面板上选择 （系统）选项卡，在"对象类型"卷展栏上单击"日光"按钮将其激活，如图 8-42 所示。

（2）弹出"创建日光系统"对话框，提示使用"mr 摄影曝光控制"和"曝光值＝15"。单

击"是"按钮,如图 8-43 所示。

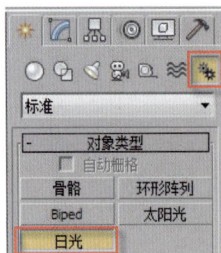

图 8-42 日光系统

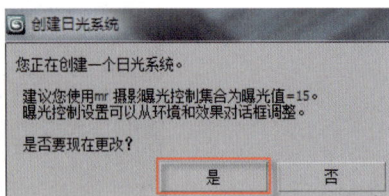

图 8-43 指定 mr 摄影曝光控制

（3）打开"渲染"|"环境和效果"对话框,可以看到"mr 摄影曝光控制"卷展栏下的"曝光值"为 15.0,如图 8-44 所示。

（4）在顶视图的任意位置单击并拖动创建"指南针"和"日光"对象,前视图的显示如图 8-45 所示。

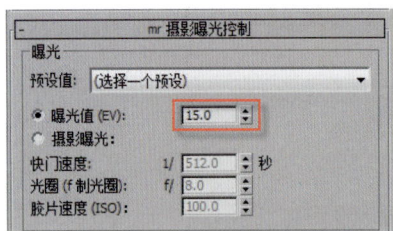

图 8-44 曝光值

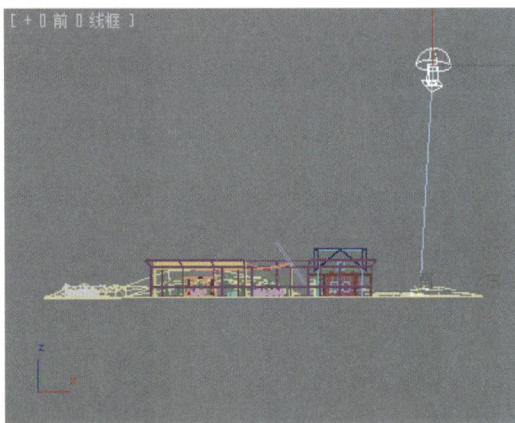

图 8-45 创建日光系统

【提示】"日光"对象在天空中的精确高度并不重要。

（5）选定"日光"对象,转到 （修改）面板。在"日光参数"卷展栏下打开"太阳光"下拉列表并选择 mr Sun,打开"天光"下拉列表并选择 mr Sky,如图 8-46 所示。

（6）弹出 mental ray Sky 对话框,询问是否添加 mr Physical Sky 环境贴图。单击"是"按钮,添加 mr Physical Sky 作为环境贴图,如图 8-47 所示。

图 8-46 日光参数

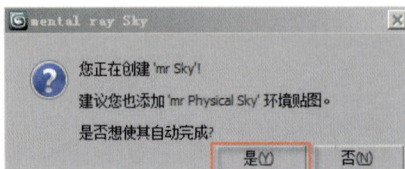

图 8-47 添加环境贴图

（7）打开"渲染"|"环境和效果"对话框,可以看到"环境"选项卡下的"公用参数"卷展栏下显示了 mr Physical Sky 环境贴图,如图 8-48 所示。

【提示】如果选择 mr Sky 时没有弹出 mental ray Sky 对话框,则直接打开"环境和贴图"对话框;如果"环境贴图"组下的按钮上没有显示 mr Physical Sky 贴图,则单击该按钮直接添加 mr Physical Sky 贴图,如图 8-49 所示。

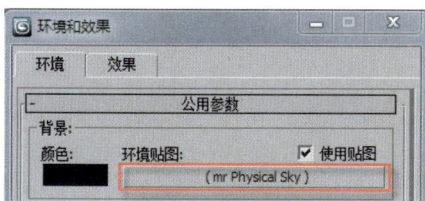

图 8-48　mr Physical Sky 环境贴图　　　　图 8-49　添加 mr Physical Sky 贴图

2. 设置日光的位置

(1) 选中"日光"对象,转到 （修改）面板,然后在"日光参数"卷展栏下的"位置"组中单击"设置"按钮,如图 8-50 所示。

(2) 切换到 （运动）面板,在"控制参数"卷展栏下的"位置"组下单击"获取位置"按钮,如图 8-51 所示。

(3) 在"地理位置"对话框中打开"地图"下拉列表并选择"亚洲",在左侧显示的"城市"列表中选择"Beijing,China",如图 8-52 所示。

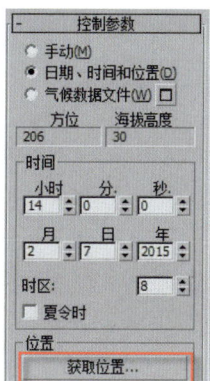

图 8-50　位置设置　　　　图 8-51　获取位置　　　　图 8-52　选择城市

【提示】单击"确定"按钮后,3ds Max 将定位"日光"太阳对象以模拟真实世界中北京的经度和纬度。

(4) 在"位置"组中,将"北向"设置为 180.0,如图 8-53 所示。

【提示】"北向"值确定场景的南北方位。

3. 日光照明(上午)

(1) 在"时间"组中将时间设置为 9 时 0 分 0 秒和 2017 年 2 月7 日,如图 8-54 所示。

(2) 激活 Camera004 视图,渲染场景,效果图如图 8-55 所示。

4. 日光照明(下午)

(1) 在"时间"组中将时间设置为 14 时 0 分 0 秒和 2017 年 2

图 8-53　设置北向值

月 7 日，如图 8-56 所示。

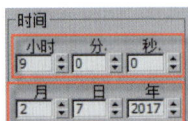

图 8-54　设置上午时间

图 8-55　上午照明效果

（2）激活 Camera004 视图，渲染场景，效果图如图 8-57 所示。

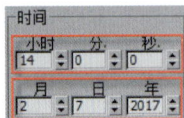

图 8-56　设置下午时间

图 8-57　下午照明效果

5. 日光照明（傍晚）

（1）在"时间"组中将时间设置为 16 时 30 分 0 秒和 2017 年 2 月 7 日，如图 8-58 所示。

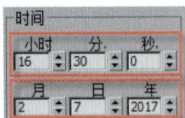

图 8-58　设置傍晚时间

（2）激活 Camera004 视图，渲染场景，效果图如图 8-59 所示。

【提示】如果渲染场景显得太暗，则可以使用"曝光控制"调整照明。

（3）选择"渲染"|"环境和效果"选项，打开"环境和效果"对话框。在"mr 摄影曝光控制"卷展栏下的"曝光"组中将"曝光值"设置为 14.0，如图 8-60 所示。

（4）单击 ▣ (渲染)按钮，渲染 Camera004 视图，效果图如图 8-61 所示。

图 8-59　傍晚照明效果

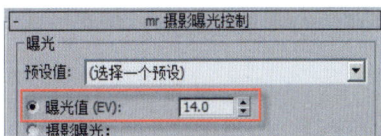

图 8-60　调节曝光值

【提示】除了改变"曝光值"调整照明外,还可以通过改变"摄影曝光"组下的"快门速度""光圈(f 制光圈)""胶片速度(ISO)"调整照明,而且控制方法更加灵活多样。

(5) 在"mr 摄影曝光控制"卷展栏下的"曝光"组中选择"摄影曝光"组,将"快门速度"设置为 1/512.0、"光圈(f 制光圈)"设置为 f/5.6、"胶片速度(ISO)"默认为 100.0,如图 8-62 所示。

图 8-61　调整后的傍晚照明效果

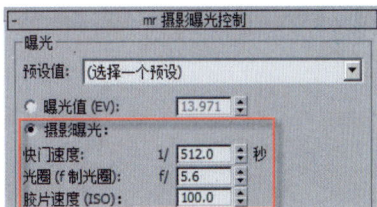

图 8-62　设置摄影曝光参数

(6) 单击 （渲染）按钮,渲染 Camera004 视图,效果图如图 8-61 所示。

思考与练习

(1) 在场景中设置灯光的一般原则是什么? 一般采用什么灯光作为辅助光源?

(2) 哪些灯光属于物理灯光? 哪些灯光属于模拟灯光?

（3）设置灯光之后，一般需要修改哪些参数？

（4）在场景中设置灯光之前，场景比较清晰；在场景中设置灯光之后，场景反而变暗，这是为什么？

（5）日光系统和天光有何不同？

（6）设置环境贴图之后，如果要使环境贴图的显示变暗一些，应该怎么做？

第9章 摄影机技术、环境和效果

【教学目标】
- 熟悉摄影机的特性。
- 掌握目标摄影机和自由摄影机的使用方法。
- 熟悉环境和效果的设置。

9.1 摄影机技术

9.1.1 摄影机基础

使用摄影机可以从特定的视角观察场景。摄影机视图对于编辑几何体和设置渲染场景非常有用。多个摄影机可以提供相同场景的不同视图。

1. 摄影机的类型

摄影机包括两种类型：目标摄影机和自由摄影机，如图 9-1 所示。

使用目标摄影机可以方便地查看目标对象周围的区域。目标摄影机图标包括两部分：摄影机和目标。使用自由摄影机可以在摄影机指向方向查看区域；自由摄影机没有目标。

2. 摄影机的焦距和视野

焦距和视野是摄影机的重要参数，如图 9-2 所示。

图 9-1 摄影机类型

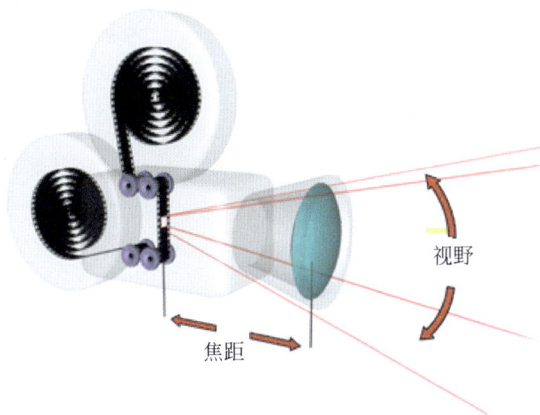

图 9-2 焦距与视野

1）焦距

焦距是指镜头到焦点的距离。焦距越小，包含的场景就越多；焦距越大，包含的场景就越少，但显示的远距离对象的细节更多。

【提示】焦距始终以毫米为单位进行测量。50mm 镜头通常是摄影的标准镜头；焦距小于 50mm 的镜头称为广角镜头；焦距大于 50mm 的镜头称为长焦镜头。

2）视野

视野（FOV）用于控制场景可见范围的大小。视野与焦距相关，焦距越长，视野越窄；焦距越短，视野越宽。摄影机"参数"卷展栏下的"镜头"和"视野"值相互关联，如图 9-3 所示。

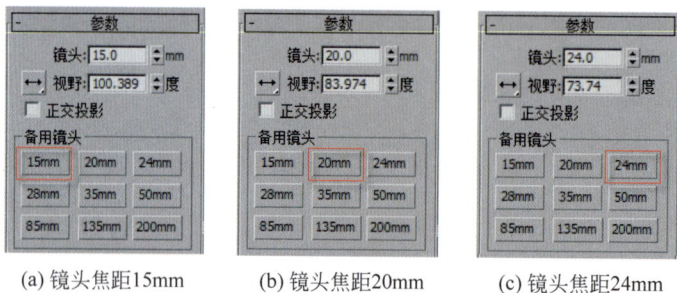

(a) 镜头焦距15mm   (b) 镜头焦距20mm   (c) 镜头焦距24mm

图 9-3　视野与焦距的关系

3. 摄影机的曝光控制

1）光圈

光圈通过开口大小控制曝光量。f 制的光圈越小，开口越大，曝光量越大，如图 9-4 所示。

2）快门速度

快门速度用于通过快门曝光时间控制曝光量，如图 9-5 所示。

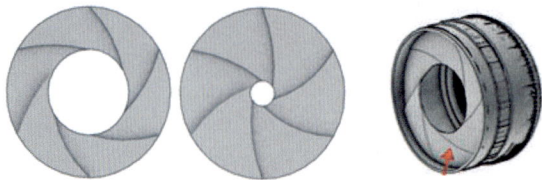

图 9-4　摄影机光圈

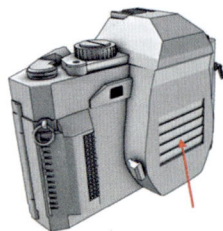

图 9-5　摄影机快门

光圈和快门速度的常用值如图 9-6 所示，它们都可以控制曝光量，因此经常组合使用。例如，光圈值为 f 8、快门速度为 1/30s 时的曝光效果和光圈值为 f 11、快门速度为 1/15s 的曝光量相同。

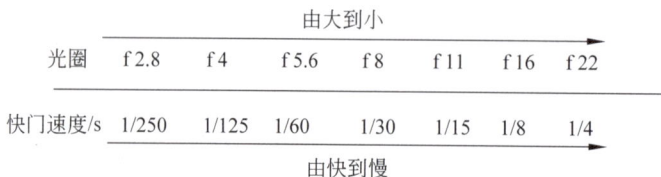

	由大到小						
光圈	f 2.8	f 4	f 5.6	f 8	f 11	f 16	f 22
快门速度/s	1/250	1/125	1/60	1/30	1/15	1/8	1/4
	由快到慢						

图 9-6　光圈和快门速度的常用值

3ds Max 提供了适合各种特定环境的曝光预置值，也可以根据需要手动调整快门速度和 f 制光圈以微调曝光，如图 9-7 所示。

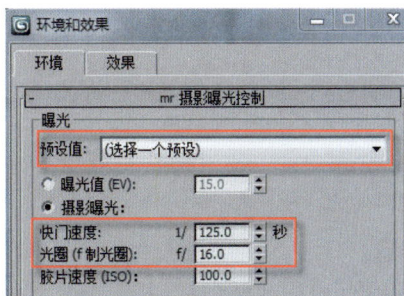

图 9-7 摄影机的曝光控制

9.1.2 目标摄影机

案例 31 目标摄影机——摄影机参数

原始文件	...\场景文件\9\摄影机参数.max
完成文件	...\场景文件\9\摄影机参数（完成）.max
关键技术	快速创建目标摄影机、焦距与视野的关系、光圈和快门速度设置
原始图	
完成图	

【操作步骤】

(1) 打开教材配套资源文件"...\场景文件\9\摄影机参数.max"。

(2) 在透视图中调整好视角,按 Ctrl+C 组合键快速创建目标摄影机 Camera001,并自动切换到 Camera001 摄影机视图。

【提示】快速创建目标摄影机时,摄影机的"镜头"值由系统根据当前的场景视野自动设定,如图 9-8 所示。

(3) 单击"渲染"按钮,观察摄影机视图的效果,如图 9-9 所示。

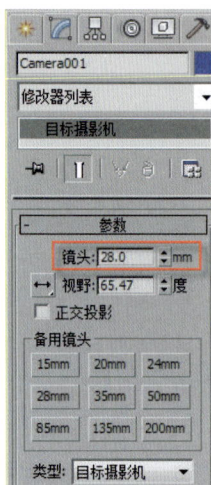

图 9-8　目标摄影机参数

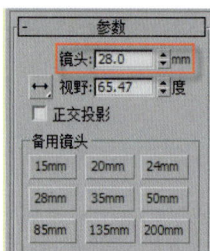

图 9-9　摄影机参数及视图效果图

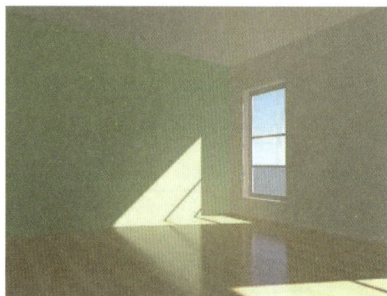

(4) 单击"参数"卷展栏下"备用镜头"组中的 15mm 按钮以自动改变"镜头"和"视野"值,再单击"渲染"按钮,观察场景范围和视野变化,如图 9-10 所示。

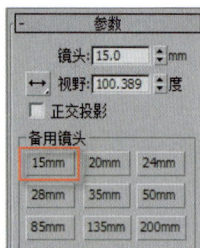

图 9-10　焦距对场景范围和视野的影响

【提示】可以单击"镜头"或者"视野"右侧的微调按钮以改变摄影机的焦距或者视野,观察透视图中场景的变化,从而了解焦距和视野之间的关系。

(5) 选择"渲染"|"曝光控制"选项,打开"环境和效果"对话框。"曝光控制"卷展栏下的曝光类型已设置为"mr 摄影曝光控制";"mr 摄影曝光控制"卷展栏下的"快门速度"已设置为 1/60.0 秒,"光圈"值设置为 f/16.0,如图 9-11 所示。

(6) 将"mr 摄影曝光控制"卷展栏下的"快门速度"更改为 1/125.0 秒。单击"渲染"按钮,观察场景效果图的亮度变化,如图 9-12 所示。

图 9-11　mr 摄影曝光控制

图 9-12　"快门速度"设置

【提示】当"快门速度"由 1/60.0 秒修改为 1/125.0 秒时,曝光减弱。

（7）将"mr 摄影曝光控制"卷展栏下的"光圈"修改为 f/11.0。单击"渲染"按钮,观察场景效果图是否恢复为原来的亮度,如图 9-13 所示。

【提示】当"光圈"由 f/16.0 修改为 f/11.0 时,曝光增强。

（8）在摄影机视图下,通过摄影机视图控件可以实现"推拉""侧滚""视野""环游"等操作,如图 9-14 所示。

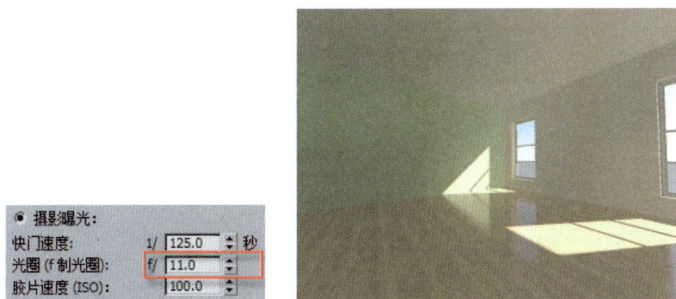

图 9-13　"光圈"设置

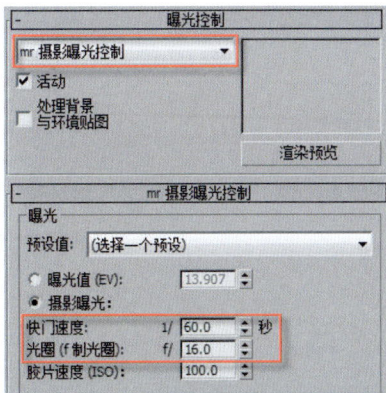

图 9-14　摄影机视图控件

【提示】"推拉"操作只会改变"目标距离",不会改变"镜头"和"视野"值,但"视野"操作会改变"镜头"和"视野"值。

9.1.3　自由摄影机

自由摄影机与目标摄影机的不同之处在于自由摄影机没有"目标"，主要用来设置场景漫游动画。

9.2　环境和效果

9.2.1　环境

"环境"选项卡用来设置与环境有关的参数，主要包括"公用参数""曝光控制""大气"卷展栏。

1. "公用参数"卷展栏

（1）颜色：设置背景的颜色。

（2）环境贴图：设置背景使用的贴图。

【提示】如果要调整环境贴图的参数，则可以打开材质编辑器，将"环境贴图"按钮拖曳到一个空白材质球上，通过"实例"复制创建一个材质球，然后设置该材质球的参数（可参考第 8 章"案例 29"）。

（3）使用贴图：选中时将使用贴图作为背景，不再使用颜色作为背景，如图 9-15 所示。

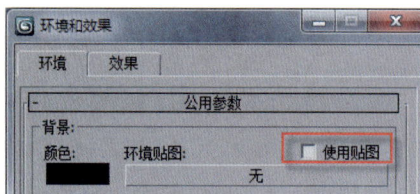

图 9-15　环境背景

2. "大气"卷展栏

单击"大气"卷展栏下的"添加"按钮，如图 9-16 所示，将弹出"添加大气效果"对话框。大气效果包括火效果、雾、体积雾和体积光，如图 9-17 所示。

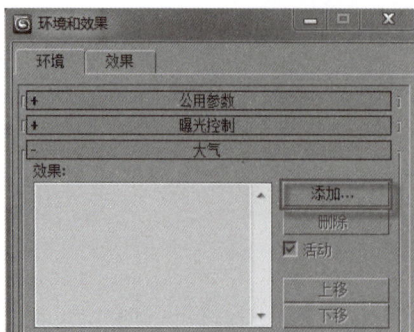

图 9-16　添加大气效果

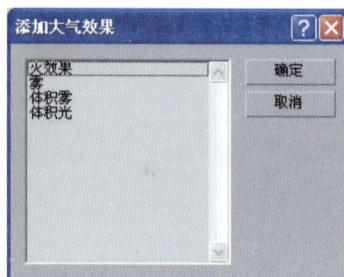

图 9-17　大气效果种类

案例 32　大气——体积光

原始文件	...\场景文件\9\体积光\体积光.max
完成文件	...\场景文件\9\体积光\体积光（完成）.max
关键技术	体积光
原始图	
完成图	

【操作步骤】

（1）打开教材配套资源文件"...\场景文件\9\体积光\体积光.max"。

【提示】场景中已经创建了一个目标平行光 Direct001、两盏泛光灯 Omni001 和 Omni002，如图 9-18 所示。

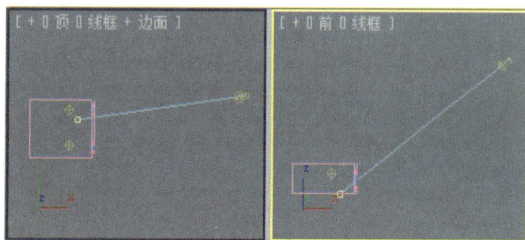

图 9-18　原始场景

（2）选择 Camera001 视图，单击"渲染"按钮，效果图如图 9-19 所示。

（3）选择目标平行光 Direct001，切换到"修改"选项卡的"大气和效果"卷展栏，单击

图 9-19　原始效果图

"添加"按钮,打开"添加大气或效果"对话框,选择"体积光"选项,再单击"确定"按钮,将"体积光"加入列表,如图 9-20 所示。

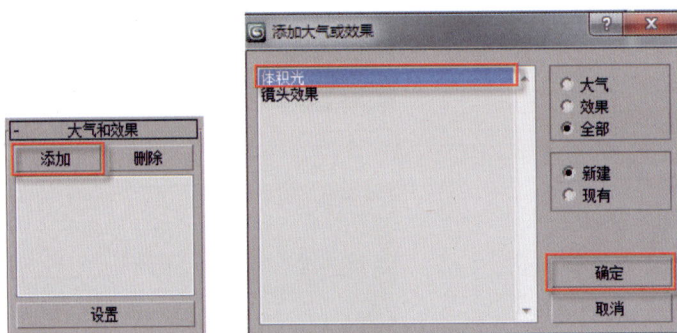

图 9-20　添加"体积光"

(4) 在列表中选择"体积光",单击"设置"按钮,打开"大气和效果"对话框。在"体积光参数"卷展栏下的"体积"组中,将"密度"设置为 0.4,如图 9-21 所示。

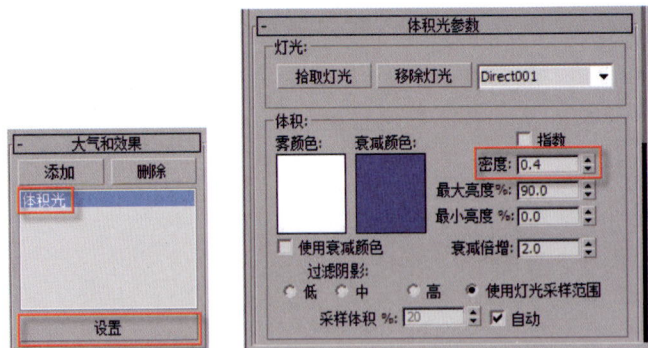

图 9-21　设置体积光"密度"

(5) 选择 Camera001 视图,单击"渲染"按钮,观察体积光效果,如图 9-22 所示。

9.2.2　效果

"效果"选项卡用来设置各种特效。

图 9-22 体积光效果

效果种类包括 Hair 和 Fur、镜头效果、模糊、亮度和对比度、景深等。

其中,最常用的是镜头效果,包括光晕、光环、射线、自动二级光斑、手动二级光斑、星形和条纹等效果。

案例 33 效果——镜头效果

原始文件	...\场景文件\9\镜头效果\镜头效果.max
完成文件	...\场景文件\9\镜头效果\镜头效果(光晕).max
完成文件	...\场景文件\9\镜头效果\镜头效果(光晕、光环和射线).max
关键技术	镜头效果:光晕(Glow)、光环(Ring)、射线(Ray)、自动二级光斑(Auto Secondary)、手动二级光斑(Manual Secondary)、星形(Star)和条纹(Streak)
原始图	
完成图 (光晕效果)	

| 完成图
(光晕、光环和射线效果) | |

【操作步骤】

(1) 打开教材配套资源文件"...\场景文件\9\镜头效果\镜头效果.max"。

【提示】场景中只有一盏泛光灯 Omni01,环境贴图使用位图"背景.jpg"。

(2) 单击"渲染"按钮,观察效果图,如图 9-23 所示。

【提示】渲染效果图中不显示泛光灯 Omni01 对象。

(3) 选择"渲染"|"效果"选项,打开"环境和效果"对话框。单击"效果"卷展栏下的"添加"按钮打开"添加效果"对话框,如图 9-24 所示。

图 9-23　原始效果图

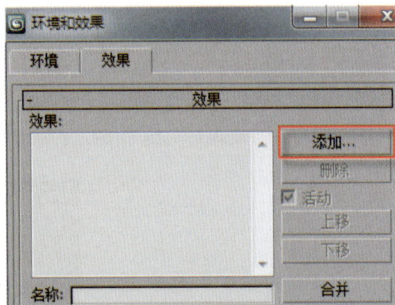

图 9-24　添加效果

(4) 在列表中选择"镜头效果"选项,再单击"确定"按钮,"镜头效果"显示在"效果"组的列表,如图 9-25 所示。

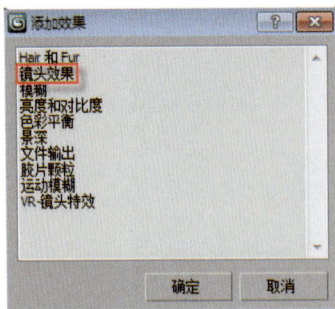

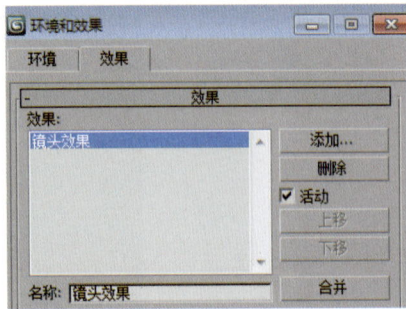

图 9-25　选择镜头效果

(5) 在"效果"列表中选择"镜头效果",在"镜头效果参数"卷展栏下选择左侧的

Glow，单击 按钮将其添加到右侧的列表，如图 9-26 所示。

（6）在"镜头效果参数"卷展栏下选择右侧列表中的 Glow。在"镜头效果全局"卷展栏下将"大小"设置为 200.0；单击"拾取灯光"按钮，在场景中选择泛光灯 Omni01 对象，Omni01 将出现在右侧文本框中，如图 9-27 所示。

（7）在"光晕元素"卷展栏的"参数"选项卡下，将"大小"设置为 30.0，如图 9-28 所示。

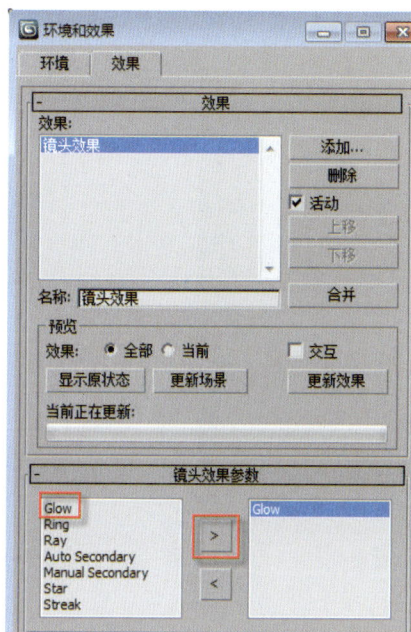

图 9-26 添加光晕效果

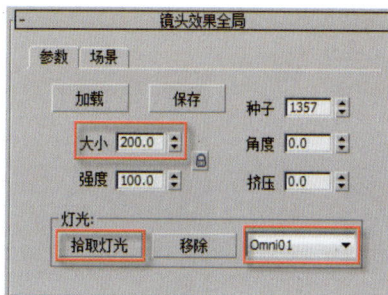

图 9-27 镜头效果参数

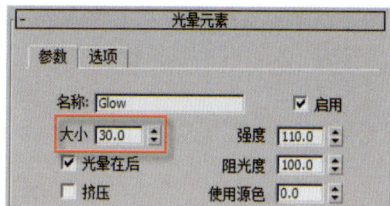

图 9-28 光晕元素的参数

（8）单击"渲染"按钮，观察添加光晕后的效果图，如图 9-29 所示。

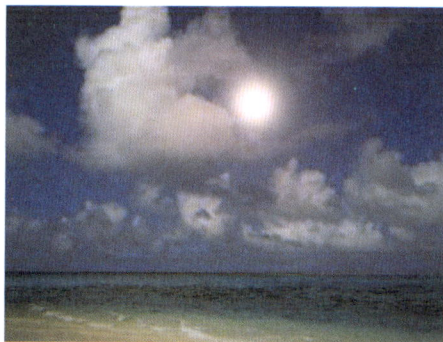

图 9-29 光晕效果

（9）用同样的方法添加光环（Ring）和射线（Ray）效果。在"光环元素"卷展栏下设置"大小"为 3.0、"强度"为 8.0、"厚度"为 3.0；在"射线元素"卷展栏下设置"大小"为 10.0、"强度"为 5.0、"数量"为 30.0，如图 9-30 所示。

（10）单击"渲染"按钮，添加光晕、光环和射线后的效果图如图 9-31 所示。

（11）使用同样的方法添加自动二级光斑（Auto Secondary）、手动二级光斑（Manual

Secondary)、星形(Star)和条纹(Streak)效果,尝试设置各个参数,并观察效果图。

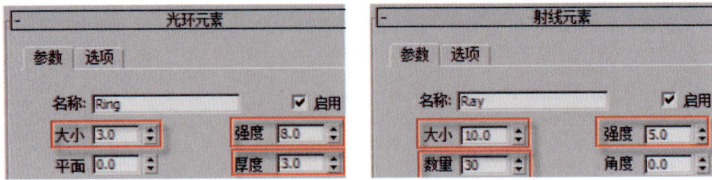

图 9-30　光环和射线的参数设置

图 9-31　光晕、光环和射线效果

思考与练习

(1) 摄影机有何作用? 如何快速创建摄影机?

(2) 焦距与视野有何关系? 如何通过光圈和快门速度改变场景亮度?

(3) 如何使环境贴图在视口中显示?

(4) 如果要模拟体积光效果,则一般使用什么类型的灯光作为光源?

(5) 如何使用泛光灯模拟太阳光的效果?

第 10 章　渲染技术

【教学目标】
- 熟悉默认扫描线渲染器的使用方法。
- 熟悉 mental ray 渲染器的使用方法。
- 掌握 VRay 渲染器的使用方法。

渲染是指基于 3D 场景创建 2D 图像或动画,并使用所设置的灯光、材质及环境为场景的几何体着色。

渲染器是渲染的工具。3ds Max 支持的渲染器有很多,内置的渲染器包括默认扫描线渲染器和 mental ray 渲染器,另外还有大量的外挂渲染器,如 VRay 渲染器。

10.1　渲染设置

选择“渲染”|“渲染设置”菜单选项,弹出“渲染设置:默认扫描线渲染器”对话框。“渲染设置:默认扫描线渲染器”对话框具有多个选项卡,选项卡的数量和名称与指定的渲染器有关,主要包括“公用”“渲染器”“光线跟踪器”、Render Elements 和“高级照明”选项卡。

1. 指定渲染器

切换到“公用”选项卡,在“指定渲染器”卷展栏下的“产品级”右侧单击 ⬛ 按钮,在弹出的“选择渲染器”窗口中选择渲染器,如图 10-1 所示。

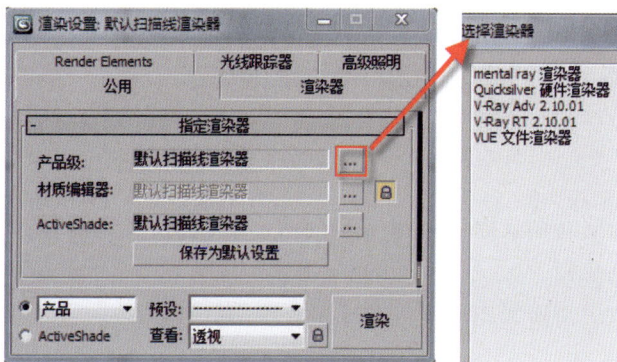

图 10-1　指定渲染器

2. 公用参数

（1）"时间输出"组：设置输出为单帧（图片）或者多帧（动画）。

（2）"输出大小"组：设置输出大小。

（3）"渲染输出"组：设置渲染输出文件的名称和路径，如图 10-2 所示。

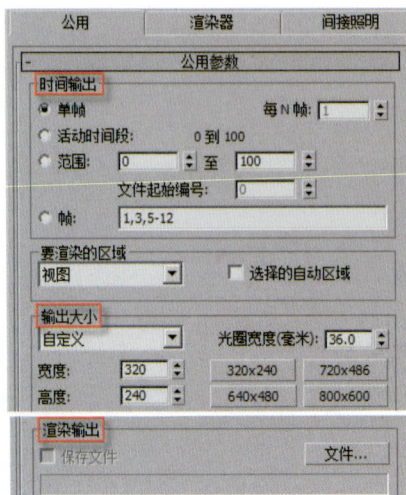

图 10-2　公用参数

10.2　默认扫描线渲染器

默认扫描线渲染器是一种多功能渲染器，可以将场景渲染为从上到下生成的一系列扫描线。

"高级照明"选项包括光跟踪器或光能传递，如图 10-3 所示。

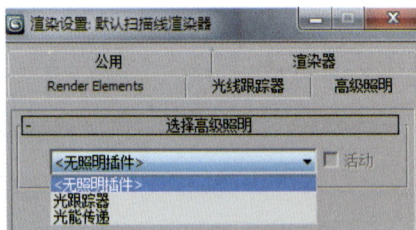

图 10-3　"默认扫描线渲染器"→"高级照明"

"光跟踪器"为明亮场景提供边缘柔和的阴影和映色。"光能传递"提供场景中灯光的物理性质以精确建模。

默认扫描线渲染器的使用方法可参考第 8 章"案例 28"。

10.3 mental ray 渲染器

mental ray 渲染器是一种通用渲染器,它可以生成灯光效果的物理校正模拟,包括光线跟踪反射和折射、焦散和全局照明。

与扫描线渲染器相比,mental ray 渲染器可以方便地模拟复杂的照明效果。

案例 34 mental ray 渲染器——房间 2

原始文件	...\场景文件\10\mental ray 渲染器\房间.max
完成文件	...\场景文件\10\mental ray 渲染器\房间(mental ray 渲染器设置完成).max
关键技术	mental ray 渲染器、全局照明
原始图	
完成图	

【操作步骤】

(1) 打开教材配套资源文件"...\场景文件\10\Mental Ray 渲染器\房间.max"。

(2) 选择"渲染"|"渲染设置"选项,打开"渲染设置"对话框,打开"公用"选项卡的"指定渲染器"卷展栏,选择 mental ray 渲染器,如图 10-4 所示。

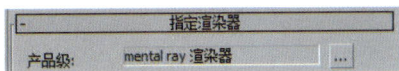

图 10-4 指定 mental ray 渲染器

【提示】因为场景中使用了 mental ray 材质和日光系统,所以必须指定 mental ray 渲

193

染器。

（3）单击"渲染"按钮，观察使用 mental ray 渲染器的默认设置时的场景效果图，如图 10-5 所示。

【提示】当使用 mental ray 渲染器的默认设置时，室内光线太暗，场景效果不佳。

（4）打开"渲染设置：mental ray 渲染器"对话框，切换到"间接照明"选项卡，在"焦散和全局照明"卷展栏下的"全局照明"组中勾选"启用"复选框，如图 10-6 所示。

图 10-5　mental ray 渲染器默认设置的渲染效果

图 10-6　启用"全局照明"

【提示】当使用 mental ray 渲染器时，如果启用"全局照明"，则模拟真实场景中所有灯光的多次反射，从而增强渲染场景的真实性；启用"全局照明"时，会生成"映色"效果。例如，红色墙旁边的白色衬衫会出现微弱的红色。

（5）单击"渲染"按钮，渲染场景，效果图如图 10-7 所示。

（6）将"焦散和全局照明"卷展栏下"全局照明"组中的"倍增"值由默认值 1 修改为 0.5，观察全局照明效果的变化，如图 10-8 所示。

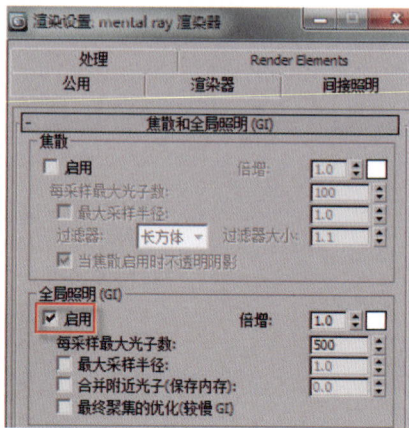

图 10-7　启用"全局照明"后的效果图

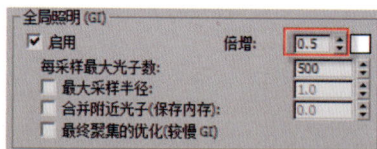

图 10-8　"倍增"值的变化对全局照明的影响

10.4　VRay 渲染器

VRay 渲染器是目前最受欢迎的渲染引擎。VRay 渲染器提供了一种特殊的材质——VRayMtl,在场景中使用该材质能够获得更准确的物理照明和更快的渲染速度,反射和折射参数的调节也更方便。

案例 35　VRay 渲染器——房间 3

原始文件	...\场景文件\10\VRay 渲染器\房间.max
完成文件	...\场景文件\10\VRay 渲染器\房间(VRay 渲染器设置完成).max
关键技术	VRay 光源、VRay 太阳、VRay 渲染器的设置、环境贴图
原始图	
完成图	

【操作步骤】
打开教材配套资源文件"...\场景文件\10\VRay 渲染器\房间.max"。

【提示】场景包括"房间"和"塑钢门"对象,渲染器已指定为 VRay 渲染器。

1. VRay 材质

房间(墙壁、天花板、踢脚线)和塑钢门已被赋予 VRayMtl 材质,如图 10-9 所示。

【提示】环境贴图已使用"渐变(Gradient)"贴图,"渐变参数"的设置如图 10-10 所示。

2. VRay 灯光

(1) 单击"渲染"按钮,观察使用默认灯光时的渲染效果,如图 10-11 所示。

【提示】由于场景中没有设置任何灯光,因此渲染时使用了默认灯光,效果图平淡,缺

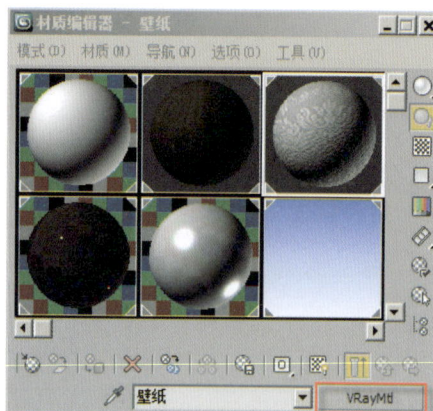

图 10-9　VRayMtl 材质

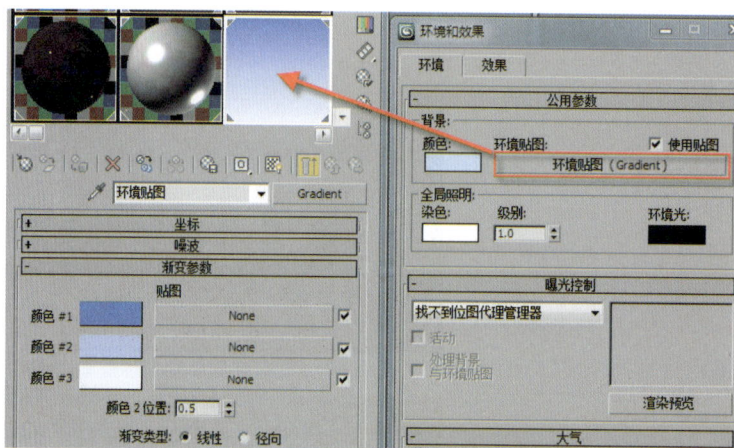

图 10-10　"渐变（Gradient）"环境贴图

图 10-11　默认灯光的渲染效果

乏层次感。

（2）在前视图拖动鼠标指针创建一盏与塑钢门尺寸相当的"VR_光源"，其名称为

VRayLight01。在顶视图通过 工具调整光源的位置到塑钢门外,通过
(选择并旋转)工具调整光源方向为面向室内,如图 10-12 所示。

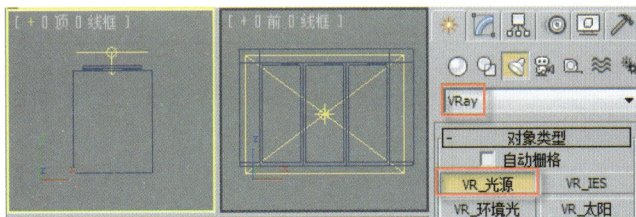

图 10-12　创建 VR_光源

（3）选择 VRayLight01,切换到"修改"选项卡,在"参数"卷展栏下的"亮度"组中将
"倍增器"的值设置为 5.0,将"颜色"设置为浅蓝色(红为 166,绿为 191,蓝为 243);在"选
项"组中勾选"不可见"复选框,如图 10-13 所示。

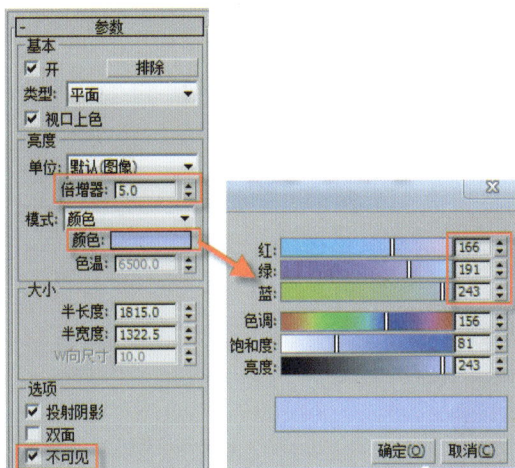

图 10-13　设置光源参数

【提示】在"选项"组中勾选"不可见"复选框可以隐藏"VR_光源"对象。

（4）单击"渲染"按钮,观察添加"VR_光源"后的渲染效果,如图 10-14 所示。

图 10-14　添加"VR_光源"后的渲染效果

【提示】添加"VR_光源"后，塑钢门内稍微变亮，但房间内反而变暗。

（5）在顶视图拖动鼠标指针创建"VR_太阳 001"，在前视图调整光源的位置和高度，如图 10-15 所示。

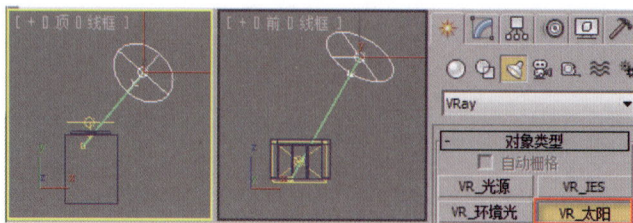

图 10-15　创建"VR_太阳 001"

【提示】当弹出 V-Ray Sun 对话框询问是否自动添加"VR_天空环境贴图"时，单击"否"按钮，如图 10-16 所示。因为场景中已设置"渐变"环境贴图，不需要再添加"VR_天空环境贴图"。

（6）选择"VR_太阳 001"，切换到"修改"选项卡，在"VR_太阳参数"卷展栏下设置"强度倍增"值为 0.02，设置"尺寸倍增"值为 5.0，如图 10-17 所示。

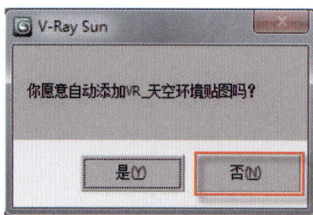

图 10-16　VR_天空环境贴图

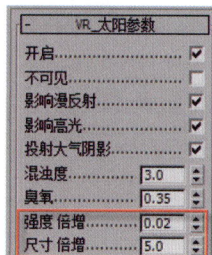

图 10-17　设置 VR_太阳 001 的亮度

（7）单击"渲染"按钮，观察添加"VR_太阳"后的渲染效果，如图 10-18 所示。

图 10-18　添加"VR_太阳"后的渲染效果

【提示】添加"VR_太阳"后将显示太阳光穿透门玻璃的照明效果，但室内光线明显不足。

3. VRay 渲染器

（1）打开"渲染设置：V-Ray Adv 2.10.01"窗口，切换到"VR_间接照明"选项卡，在

"V-Ray：：间接照明（全局照明）"卷展栏下勾选"开启"复选框，如图 10-19 所示。

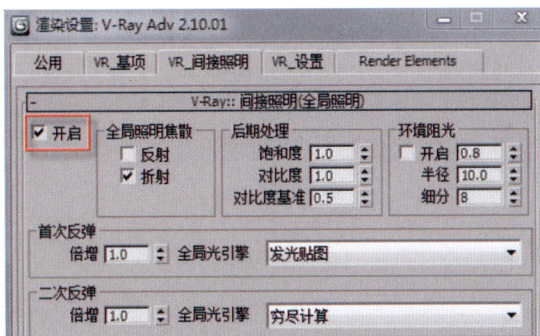

图 10-19 开启"间接照明（全局照明）"

（2）单击"渲染"按钮，观察启用 VRay 间接照明后的渲染效果，如图 10-20 所示。

图 10-20 VRay 间接照明的渲染效果

【提示】启用间接照明之后，房间内的照明效果得到了很大的改善。可以根据实际需要适当调整"倍增"值，以改善照明效果。

思考与练习

（1）mental ray 渲染器和 VRay 渲染器是否需要单独安装？

（2）使用 mental ray 渲染器时，启用"全局照明"有何作用？

（3）如果对象使用了 VRayMtl 材质却不指定 VRay 渲染器，将会出现什么问题？

（4）指定 VRay 渲染器后，启用"间接照明"有何作用？

（5）如何设置渲染效果图的大小？

第 11 章 综合实践：高级建模

【教学目标】

- 掌握"转换为可编辑多边形"的使用方法。
- 掌握使用"对称"修改器编辑复杂对称模型的方法。
- 熟悉循环模式、环、对齐、约束、连接和软选择等工具。
- 熟悉挤出、插入、倒角、轮廓等工具。
- 熟悉"使用 NURMS"网格平滑工具。
- 熟悉多边形绘制工具和选择工具。

石墨（Graphite）建模工具集（又称为建模功能区）是一种用于编辑多边形对象的综合工具集，它提供了多边形建模的全部工具，具有基于上下文的自定义界面，该界面提供了完全特定于建模任务的所有工具；且仅在需要相关参数时才提供对应的访问权限，从而最大限度地减少了屏幕上的杂乱现象。

石墨建模工具集（如下图标）包含 4 个选项卡：石墨建模工具、自由形式、选择和对象绘制。

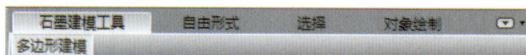

- "石墨建模工具"选项卡：包含最常用于多边形建模的工具。
- "自由形式"选项卡：提供创建和修改多边形几何体的工具。
- "选择"选项卡：提供专门用于子对象选择的各种工具。
- "对象绘制"选项卡：提供绘制对象的工具。

案例 36 石墨工具建模——头盔模型

完成文件	...\场景文件\2\头盔（完成）.max
关键技术	"对称"修改器；循环模式、环、对齐、约束、连接和软选择工具；挤出、插入、倒角、轮廓等工具；"使用 NURMS"网格平滑工具；多边形绘制和选择工具
参考图	

【操作步骤】

1. 创建头盔基本模型

(1) 启动"石墨建模工具"，单击 ▱ (展开/最小化图标)按钮，显示整个石墨建模工具。

【提示】如果"石墨建模工具"未显示，则可以右击工具栏空白处，选择"显示选项卡"|"石墨建模工具"。

(2) 在"自定义"菜单中选择"单位设置"，确保"通用单位"处于选定状态。

(3) 创建长方体，将"长度""宽度""高度"设置为 50.0。将"长度分段""宽度分段"和"高度分段"均设置为 4。

(4) 在"层次"面板中单击"仅影响轴"按钮，再单击"居中到对象"按钮，使轴点位于长方体的中心位置，再单击取消"仅影响轴"按钮。右击 X、Y 和 Z 变换微调器，将它们都设置为 0。

(5) 给长方体添加"球形化"修改器，如图 11-1 所示。

(6) 右击球体并选择"转换为可编辑多边形"。在"石墨建模工具"的"多边形建模"面板上单击 ⁛ (顶点)按钮转到"顶点"子层级。在前视图中选择对象下半部分中的所有顶点(但不包括中纬线)，如图 11-2 所示，然后按 Delete 键删除球的下半部分。

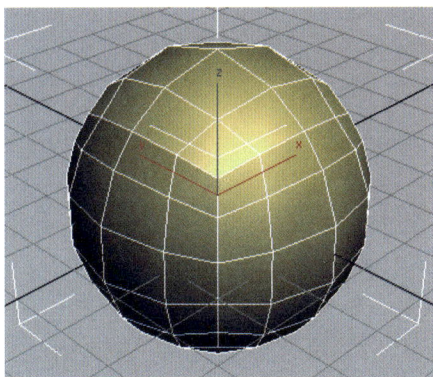

图 11-1 "球形化"修改器

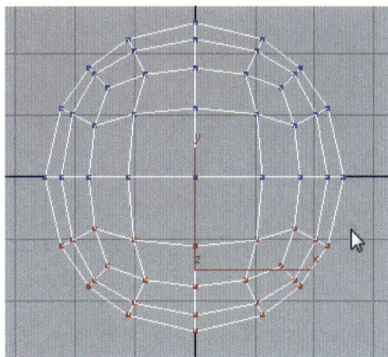

图 11-2 选择下半部分的所有顶点

(7) 单击"多边形建模"选项下的 ◉ (软选择)按钮将其启用。在"软选择"面板上将"衰减"设置为 30.000，如图 11-3 所示。

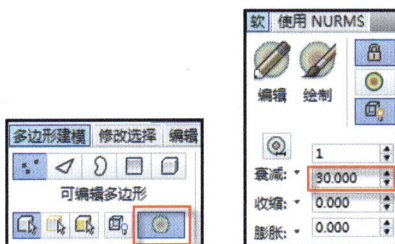

图 11-3 设置软选择

(8) 沿着 Z 轴移动头盔顶部的顶点，形成尖顶。取消选择"软选择"选项，如图 11-4 所示。

（9）在前视图框选对象的所有顶点，然后在"石墨建模工具"|"细分"面板上单击"网格平滑"按钮，如图 11-5 所示。

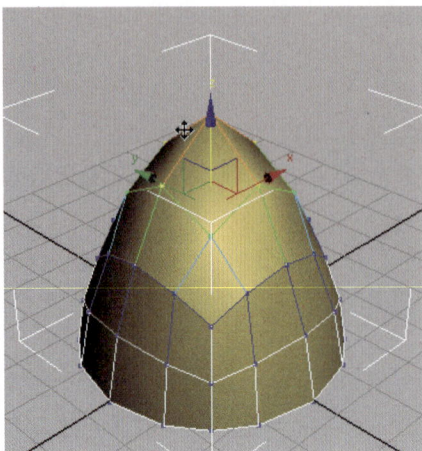

图 11-4 移动顶点形成尖顶

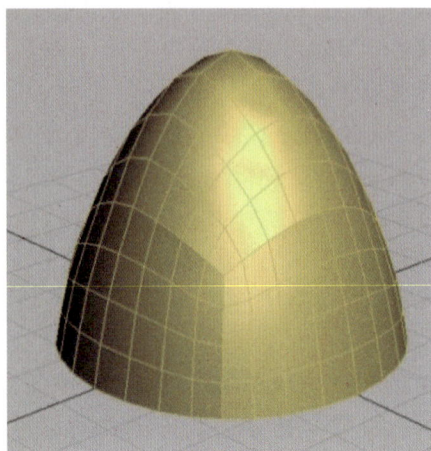

图 11-5 添加"网格平滑"

【提示】"网格平滑"将每个多边形划分为 4 个部分，从而形成一个更加平滑、更加细致的几何体。

（10）将场景另存为"头盔_01.max"。

2. 创建头盔背脊和边沿

（1）在"多边形建模"面板上激活 □（多边形）转到"多边形"子层级。

（2）单击"选择"选项卡，在"按一半"面板上单击 Y 按钮，然后单击 ▷（选择）按钮，基于 Y 轴方向选择半个对象，如图 11-6 所示。

（3）在"按一半"面板上单击"反转轴"按钮，将多边形反转。按 Delete 键删除半边球。

（4）选定头盔，在"修改器列表"中选择"对称"。在"参数"卷展栏的"镜像轴"组上选择 Y 选项并启用"翻转"，如图 11-7 所示。

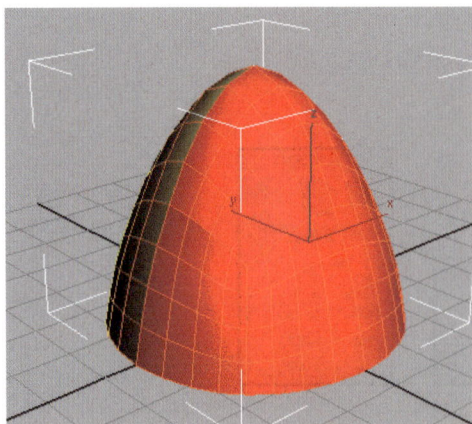

图 11-6 选择半个对象

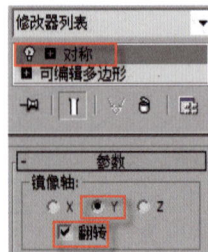

图 11-7 添加"对称"修改器

（5）在"多边形建模"面板上单击 ▣（上一个修改器）按钮。"可编辑多边形"对象再次

处于活动状态。头盔的镜像隐藏在视图中，这是因为在显示多边形编辑控件的情况下只能编辑源多边形。

（6）在"多边形建模"面板上单击 ⬛（显示最终结果）按钮，可查看由"对称"修改器控制的头盔的镜像。

（7）在"多边形建模"面板上激活 ◁（边）转到"边"子层级。在视图中选择多边形的一条边，如图 11-8 所示。

（8）在"修改选择"面板上单击 ☰（环形）按钮。选择与对象周围的环形中第一条边平行的所有边，如图 11-9 所示。

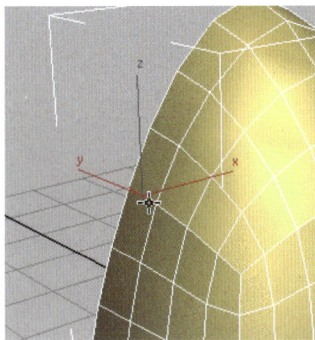

图 11-8　选择边

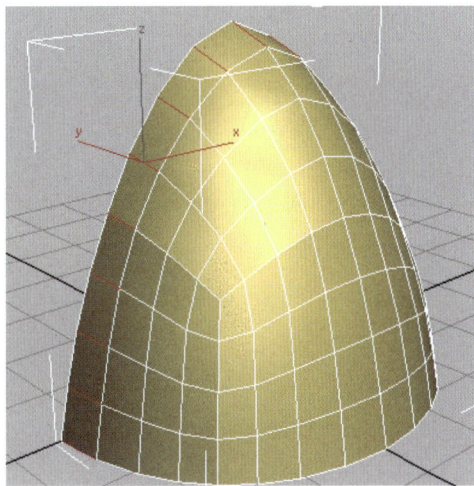

图 11-9　环形选择边

（9）在"循环"面板上按住 Shift 键并单击 ⊞（连接）按钮。向左拖动第三个控件"滑动"，直到值等于－50，单击"确定"按钮，如图 11-10 所示。

（10）在透视图中，单击头盔底部行中任意多边形上的垂直边，然后在"修改选择"面板上单击 ☰（环形）按钮，自动选择所有垂直边，如图 11-11 所示。

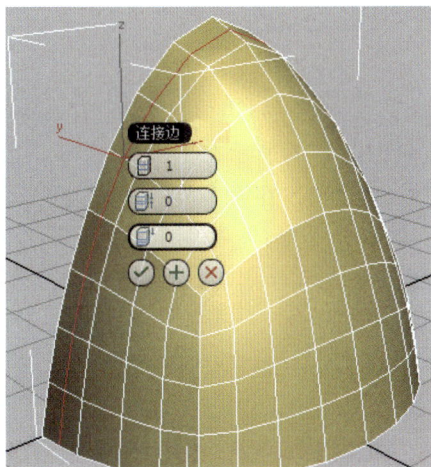

图 11-10　"连接"边

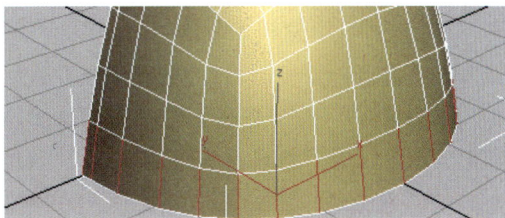

图 11-11　"环形"选择边

（11）在"循环"面板上按住 Shift 键并单击 ⊞（连接）按钮。"滑块"控件的值更改为 —25，如图 11-12 所示。

（12）右击头盔并选择"转换为可编辑多边形"，多边形将塌陷。

（13）在"多边形建模"面板上激活 ◁（边）。在"修改选择"面板中单击"循环"下的快捷循环模式将其启用，如图 11-13 所示。

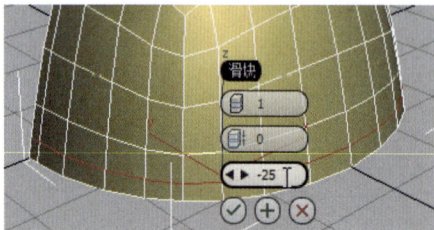

图 11-12　"连接"边

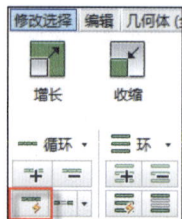

图 11-13　循环模式

（14）单击头盔中间的背脊线。按住 Ctrl 键，然后单击头盔底边。此时将选择头盔底边和背脊线，如图 11-14 所示。

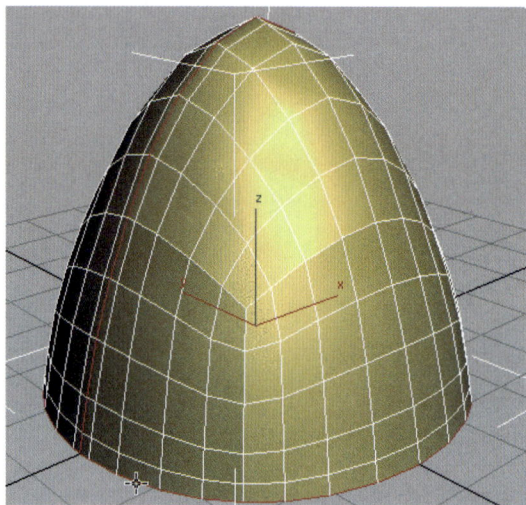

图 11-14　选择头盔底边和背脊线

（15）再次按下 Ctrl 键，然后在"多边形建模"面板上激活 □（多边形）。

【提示】上述操作将选择与边相邻的所有多边形，如图 11-15 所示。

（16）在"多边形"面板上，按住 Shift 键并单击 ⓪（挤出）按钮。在第一个控件"组"中，在下拉列表中选择"局部法线"。在第三个控件"高度"中，将值更改为 1.0，如图 11-16 所示。

（17）在"石墨建模工具"选项卡下的"编辑"面板上单击 ▦（使用 NURMS）按钮。在"使用 NURMS"面板中将"迭代次数"设置为 2。

【提示】NURMS 是非均匀有理网格平滑的缩写形式。如果"显示框架"按钮已启用，则将其禁用以更清楚地查看由 NURMS 迭代次数添加的几何体，如图 11-17 所示。

（18）在"石墨建模工具"选项卡下的"编辑"面板上，单击 ▦（使用 NURMS）按钮将其禁用。

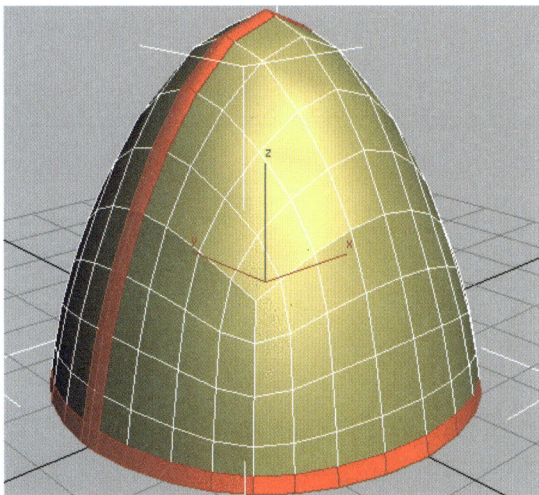

图 11-15 选择多边形

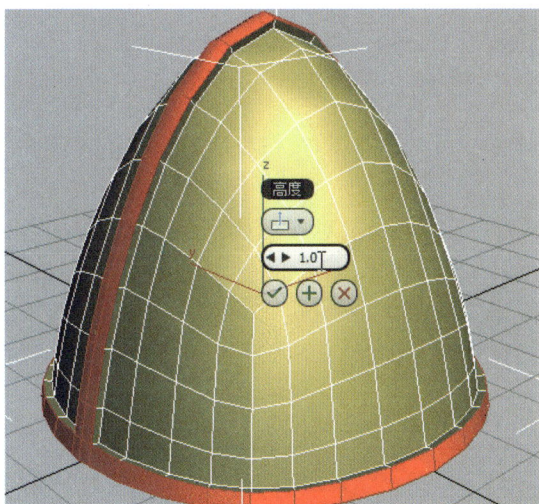

图 11-16 "挤出"多边形

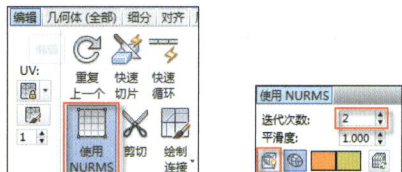

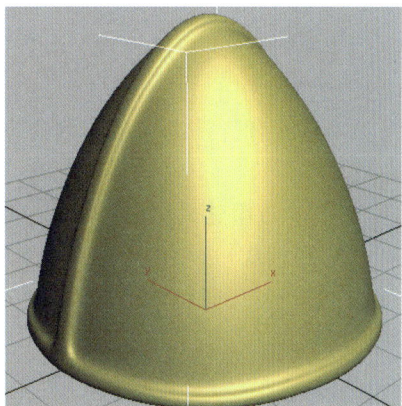

图 11-17 使用 NURMS

（19）将场景另存为"头盔_02.max"。

3. 优化头盔背脊和边沿

（1）打开场景"头盔_02.max"。在视图中，切换到左视图，在线框视图中查看头盔，可看到头盔挤出边有微微的起伏，并不是一条直线，如图 11-18 所示。

（2）在"石墨建模工具"的"多边形建模"面板上激活 ⬚（顶点），然后单击 按钮，区域选择底部的第二个顶点行，如图 11-19 所示。

（3）在"石墨建模工具"的"对齐"面板上单击 **Z**（对齐 Z）按钮，将所有选中的顶点按照其在 Z 轴上的平均值对齐，如图 11-20 所示。

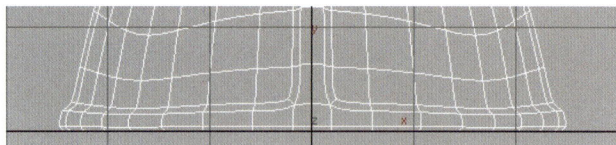

图 11-18　边缺陷

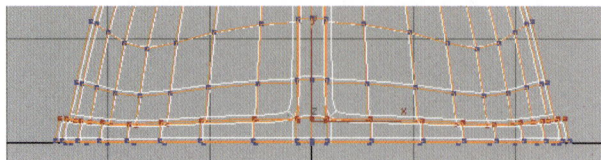

图 11-19　选择顶点

（4）切换到顶视图，然后选择背脊挤出一侧的顶点，如图 11-21 所示。

图 11-20　对齐顶点

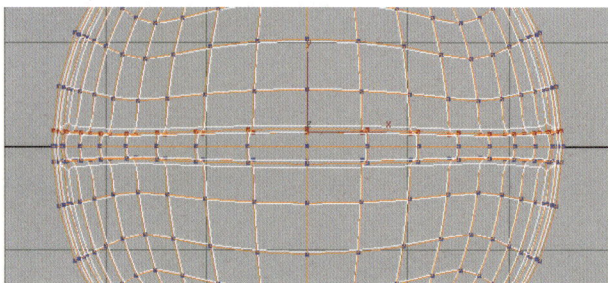

图 11-21　选择顶点

　　（5）在"石墨建模工具"的"对齐"面板上单击 **Y**（对齐 Y）按钮将所有顶点沿着其在 Y 轴上的平均值对齐。

　　（6）选择背脊挤出相反一侧的顶点，然后再次单击 **Y**（对齐 Y）按钮，挤出背脊的边也是直的。

　　（7）在"石墨建模工具"的"多边形建模"面板上激活 ◁（边）。在"修改选择"面板上启用 ☰（环模式）选项。单击以选择头盔背脊近侧上的某一条水平边。"环模式"将选择与单击的边平行的所有边，如图 11-22 所示。

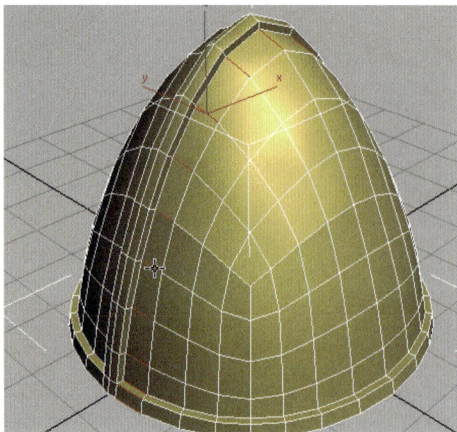

图 11-22　"环模式"选择边

（8）在"循环"面板上按住 Shift 键并单击 ⊞ （连接）按钮。将第三个控件"滑块"的值设置为 83，使新的边循环接近于背脊的基部，如图 11-23 所示。

（9）环绕视图以查看头盔背脊的另一侧。在"编辑"面板上启用 ⚡（快速循环）按钮，如图 11-24 所示。

（10）在头盔的曲面上拖动鼠标指针，当新的垂直边循环出现在头盔背脊的基部附近时单击，如图 11-25 所示。

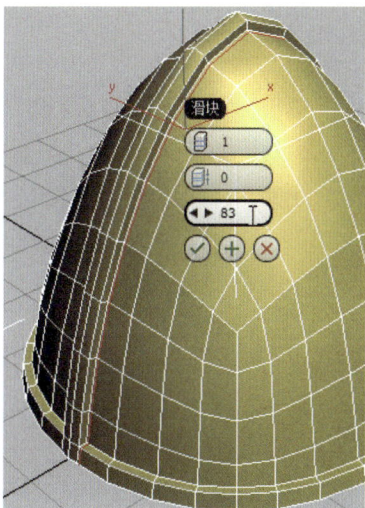

图 11-23 连接边

图 11-24 启用"快速循环"

【提示】在拖动鼠标时将显示绿色的虚拟循环，这样就可以虚拟化放置循环的位置。

【提示】"快速循环"提供了一种在模型上创建并定位循环的快速方式，如图 11-26 所示。

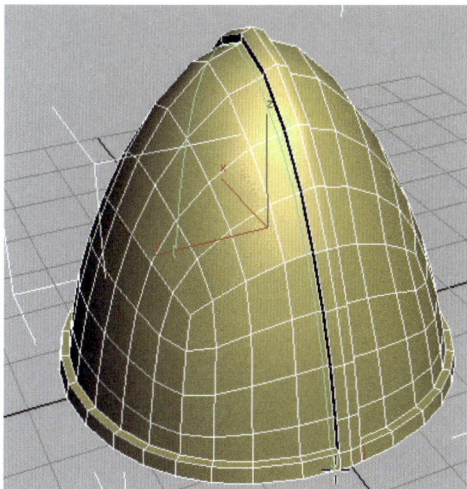

图 11-25 使用"快速循环"创建垂直边

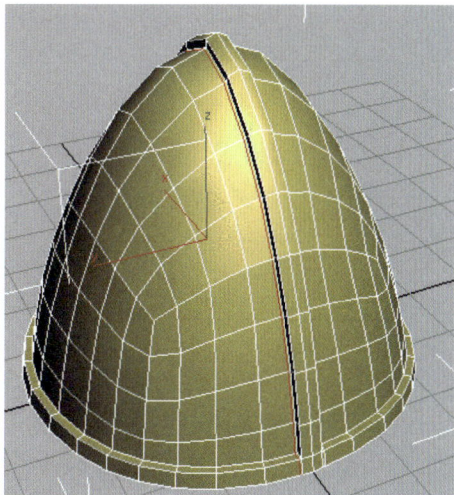

图 11-26 "快速循环"的优势

（11）再次使用"快速循环"放置一个水平边循环，该循环靠近头盔下沿挤出的一部分

基部。添加这些水平边循环可以使头盔下沿挤出的这部分基部的棱角更加分明，如图 11-27 所示。

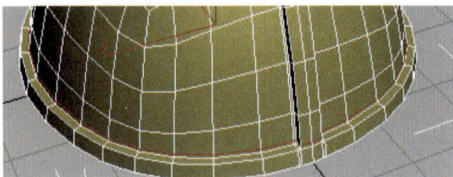

图 11-27　使用"快速循环"创建水平边

（12）单击 （快速循环）按钮以将其禁用。单击 （边）按钮以退出"边"子层级。

（13）在"石墨建模工具"的"编辑"面板上，单击 （使用 NURMS）按钮将其启用，查看所添加的循环是如何为挤出的基部赋予锐角的。单击 （使用 NURMS）按钮将其禁用，并重新显示基本模型。

（14）将场景文件另存为"头盔_03.max"。

4. 创建头盔角

创建一对扭曲的角，使用挤出和变换；样条线挤出是多种挤出的一种简单替代方法。将再次应用"对称"修改器以镜像对头盔的一半所做的编辑工作。

（1）打开"头盔_03.max"，单击"使用 NURMS"按钮将其禁用。

（2）将模型一分为二，并应用"对称"修改器。在"石墨建模工具"的"多边形建模"面板上单击 （上一个修改器）按钮以转到"可编辑多边形"层级。

（3）在"石墨建模工具"的"多边形建模"面板上激活 （顶点）。

（4）在"石墨建模工具"的"编辑"面板的"约束"组上激活 （约束到边），这将确保任何顶点的变换都将沿着其所属的多边形的边滑动，如图 11-28 所示。

（5）选择头盔上部区域中的顶点并移动选定的顶点，如图 11-29 所示。

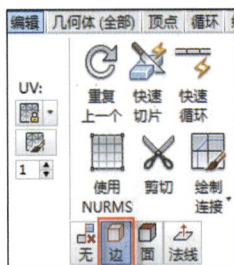

图 11-28　激活"约束到边"

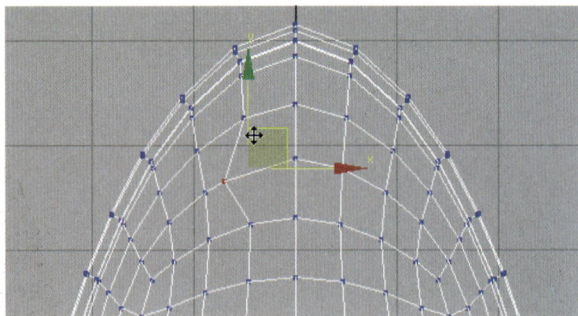

图 11-29　移动顶点

（6）选择中心顶点对面的顶点，移动该选定的顶点。此外，还要移动中心顶点上方和下方的顶点。创建一个大致呈圆形的对称图形，如图 11-30 所示。

（7）在"石墨建模工具"的"编辑"面板上激活 （约束到无）。

（8）选择共享顶点的 4 个多边形，如图 11-31 所示。

（9）在"多边形"面板上按住 Shift 键并单击 （插入）按钮，如图 11-32 所示。

图 11-30 移动顶点

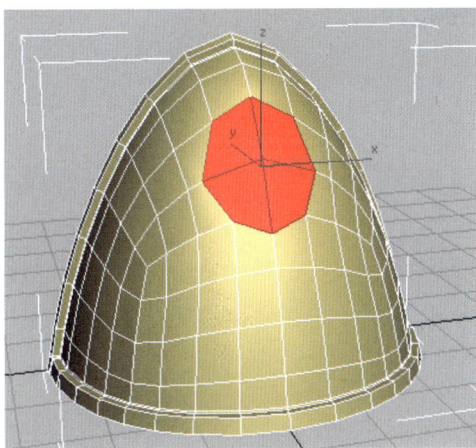

图 11-31 选择多边形

图 11-32 "插入"边

（10）将"数量"微调框（第二个控件）中的数值设置为 0.25，为选定多边形创建插入边，如图 11-33 所示。

（11）在"多边形"面板上按住 Shift 键并单击 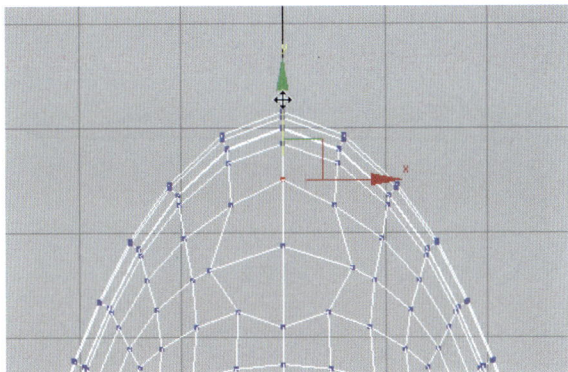（挤出）按钮，将"高度"设置为 3.0，如图 11-34 所示。

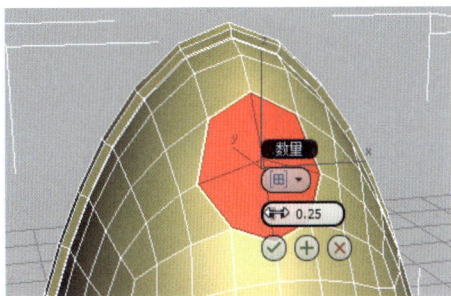

图 11-33 设置"数量"

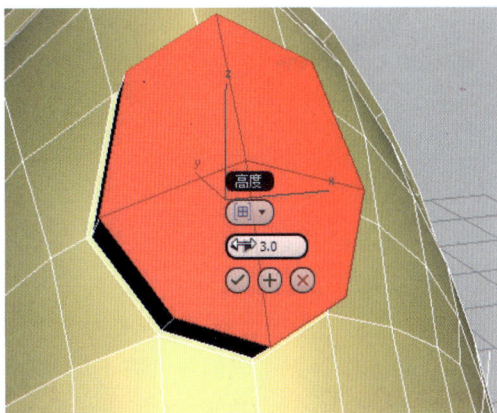

图 11-34 设置挤出"高度"

(12) 在"多边形"面板上按住 Shift 键并单击 (倒角)按钮,将"高度"值设置为 0.25,并将"轮廓"值设置为 -0.5,如图 11-35 所示。

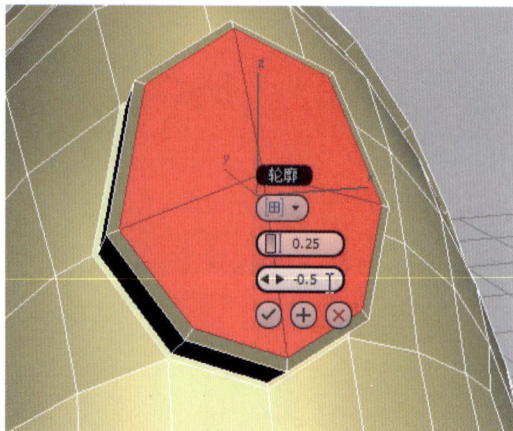

图 11-35 "倒角"命令

(13) 在"多边形"面板上按住 Shift 键并单击 (插入)按钮,将"数量"设置为 0.35,如图 11-36 所示。

(14) 在"多边形"面板上单击 (倒角)按钮。向头盔的内侧微微拖动选定的多边形,然后释放鼠标并微微向下拖曳,以在朝向其中心的位置微微地对挤出元素执行倒角操作。单击以结束操作,如图 11-37 所示。

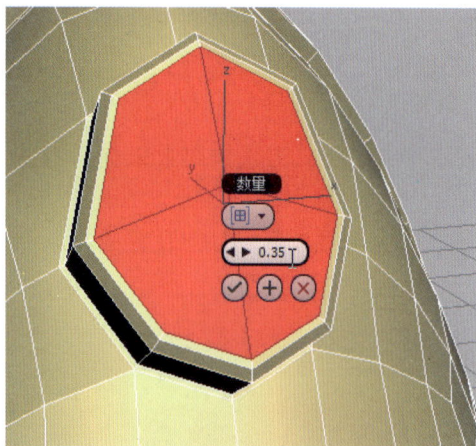

图 11-36 "插入"命令

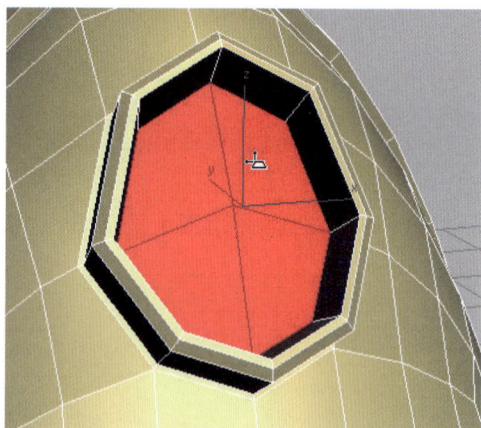

图 11-37 "倒角"命令

(15) 再次单击 (挤出)按钮并从头盔中拖出,直到多边形稍微延伸到槽之外。单击以结束挤出操作。

(16) 在左视图中绘制一条从角槽延伸的线。单击、拖动并再次单击,直到创建出由 4 个顶点或 5 个顶点组成的线。右击以结束线的创建,如图 11-38 所示。

(17) 在头盔的"多边形"子层级中选择挤出的 4 个面。在"石墨建模工具"的"多边形"面板下单击"样条线上挤出"按钮,如图 11-39 所示。

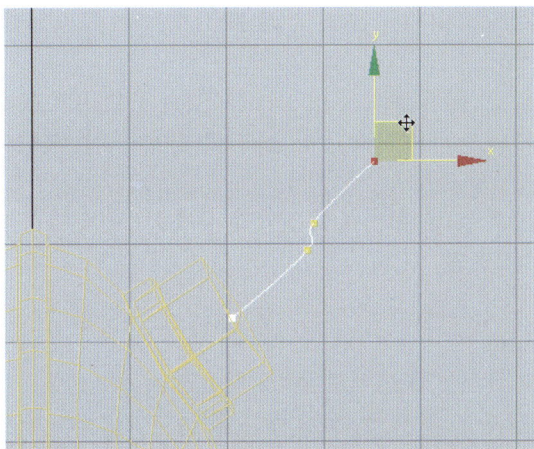

图 11-38 创建线

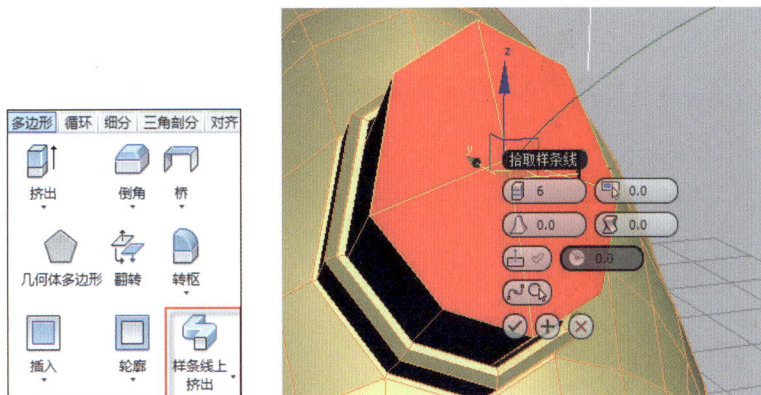

图 11-39 样条线上挤出设置

（18）单击最后一个控件"拾取样条线"，将"锥化量"的值更改为－0.955，如图 11-40 所示。

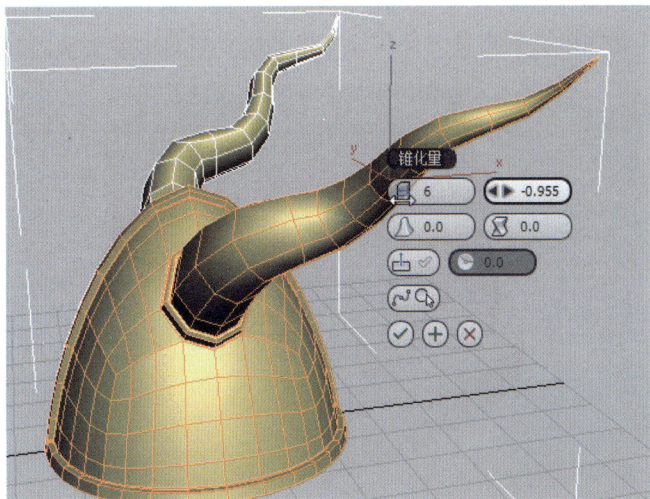

图 11-40 拾取样条线并锥化

211

【提示】通过沿着路径挤出角可省去在"变换工具"与"多边形建模工具"之间的大量切换工作。

(19) 在"编辑"面板上,确保▦(使用 NURMS)处于禁用状态。

【提示】在将头盔转换为可编辑多边形之前,需要禁用 NURMS 平滑,否则最终的模型会包含过多的面。

(20) 在视图中右击头盔,在弹出的快捷菜单中选择"转换为可编辑多边形"选项。

(21) 将场景另存为"头盔_04.max"。

5. 创建头盔尖刺

(1) 打开"头盔_04.max"。

(2) 在"石墨建模工具"的"多边形建模"面板上激活◁(边)。

(3) 在"修改选择"面板上,单击▱(快速循环)按钮将其启用。单击沿头盔背脊中间接合口分布的某一条垂直边,循环模式会选择构成中间接合口的整个边循环,如图 11-41 所示。

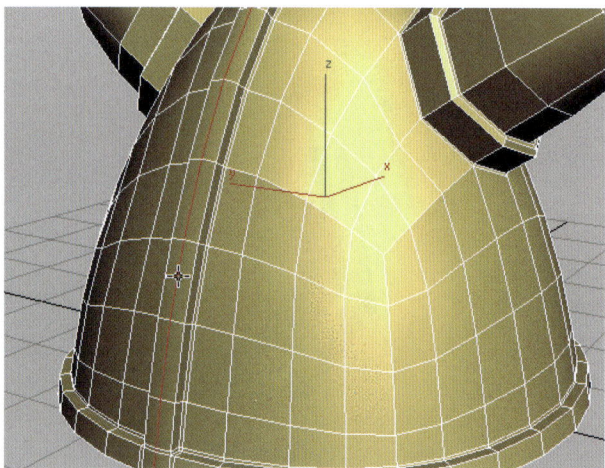

图 11-41　快速循环模式

(4) 按住 Ctrl 键并单击"石墨建模工具"的"边"面板上的▱(移除)按钮(按住 Ctrl 键并单击该按钮将顶点及边移除)。取消"循环模式"。

(5) 按住 Ctrl 键并单击头盔背脊任意一侧上的两个较长的垂直边,如图 11-42 所示。

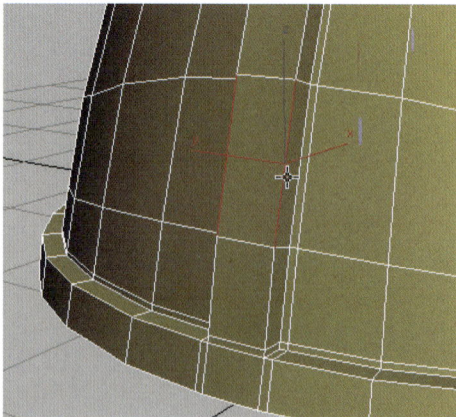

图 11-42　选择边

（6）在"循环"面板上按住 Shift 键并单击 ⊞（连接）按钮。确保"分段"设置为 1，"收缩"和"滑动"设置为 0，如图 11-43 所示。

（7）选择刚连接的边上方的下对边，然后单击 ⊞（连接）按钮以向背脊添加水平边。

（8）对于沿背脊分布的每对边重复上一步，但位于头盔边正上方的短边除外，如图 11-44 所示。

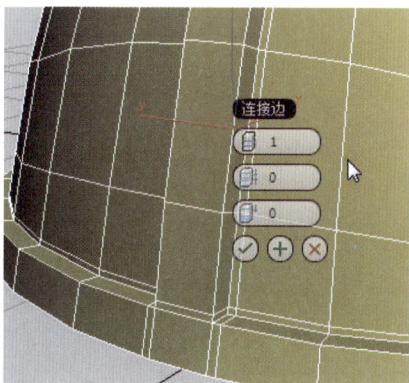

图 11-43 连接边

图 11-44 继续连接边

（9）在"石墨建模工具"的"多边形建模"面板上激活 □（多边形）。单击 按钮选择背脊基部的多边形，如图 11-45 所示。

（10）在"石墨建模工具"中单击"自由形式"选项卡，然后在"多边形绘制"面板上单击 （分支）按钮，如图 11-46 所示。

（11）在按住 Shift 键的同时从头盔中拖出选定的多边形，然后释放鼠标，如图 11-47 所示。

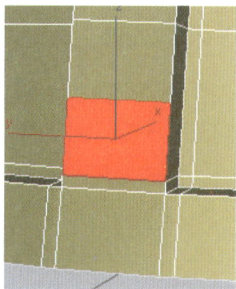

图 11-45 选择多边形

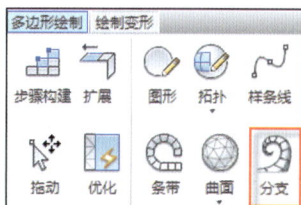

图 11-46 设置多边形绘制分支

图 11-47 绘制分支

（12）按住 Ctrl 键并单击以选择刚绘制分支的多边形上方的第二个多边形，然后按住 Shift 键并拖动它以创建另一个分支，如图 11-48 所示。

（13）在"石墨建模工具"的"多边形建模"面板上再次单击 □（多边形）按钮以将其禁用。在"编辑"面板上单击 ⊞（使用 NURMS）按钮以将其启用，如图 11-49 所示。

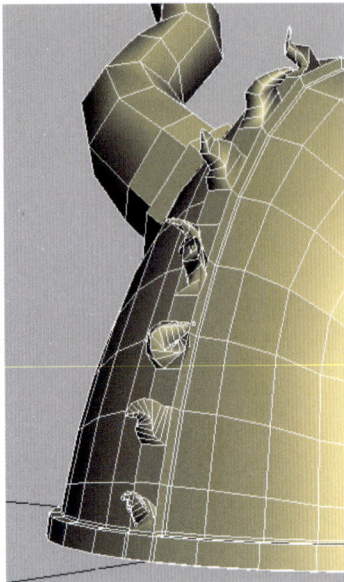

图 11-48　绘制多个分支

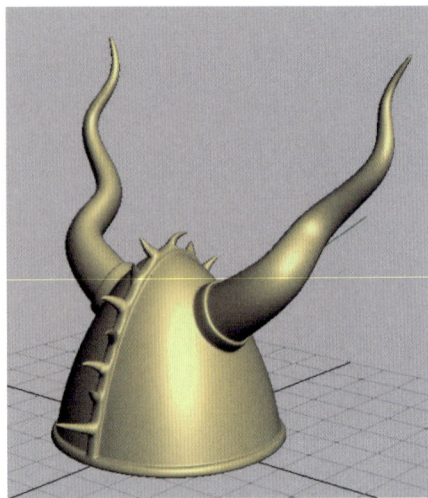

图 11-49　完成模型

（14）保存为"头盔（完成）.max"。

思考与练习

（1）如何显示"石墨建模工具"？使用"石墨建模工具"有何好处？

（2）为什么不直接使用球体创建头盔模型？通过给长方体添加"球形化"修改器创建头盔模型有何好处？

（3）为什么要删除模型的一半，然后又使用"对称"修改器生成模型的一半？

（4）为什么在建模过程中总是要在使用"转换为可编辑多边形"转换模型之前先取消"使用 NURMS"？

（5）归纳创建复杂模型的一般方法是什么？

（6）设计一个比较复杂的三维模型，并撰写综合实践报告。

第 12 章　综合实践：高级贴图

【教学目标】

• 掌握"UVW 展开"修改器的使用方法。
• 熟练掌握使用"UVW 展开"修改器控制复杂纹理的位置、大小和方向的方法。

　　单个位图可以包含用于对象各个部分的多个纹理，可以使用"UVW 展开"修改器控制纹理的放置。本案例介绍使用"UVW 展开"修改器将飞机纹理投影到飞机的机翼、尾翼、机身、螺旋桨进气口和螺旋桨轴的方法。

案例 37　"UVW 展开"修改器——飞机贴图

原始文件	...\场景文件\12\飞机.max
完成文件	...\场景文件\12\飞机(贴图完成).max
关键技术	"UVW 展开"修改器
原始图	
完成图	

【操作步骤】

1. 贴图基础

(1) 打开教材配套资源文件"...\场景文件\12\飞机.max"。

【提示】模型包括螺旋桨、机舱和机体。螺旋桨和机舱已设置材质和环境贴图。机体(包括机身、机翼和机尾)尚未经过纹理处理。

(2) 打开"精简材质编辑器",选择一个空白标准材质球,命名为"机体"。

(3) 打开"漫反射颜色"通道,添加位图"飞机贴图.jpg",如图 12-1 所示。

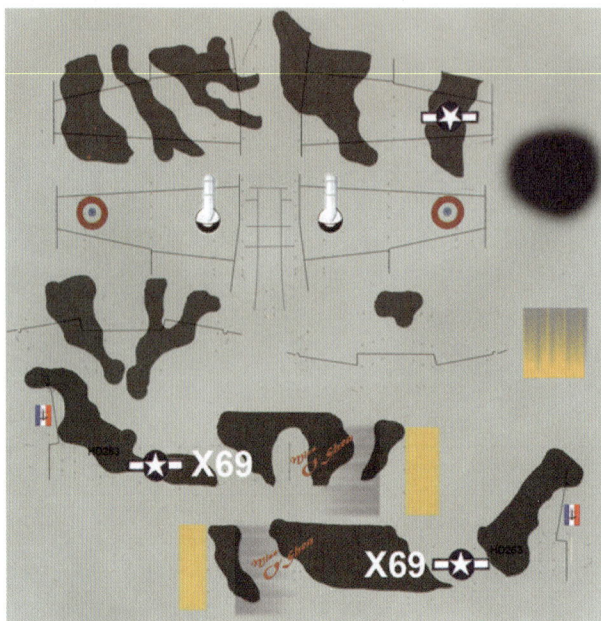

图 12-1　飞机贴图

(4) 选择"机体"对象,单击 ▦ (将材质指定给选定对象)按钮将材质赋给机体,如图 12-2 所示。

图 12-2　初始贴图

【提示】虽然材质应用到了飞机的机身、机翼和机尾，但是纹理的贴图方式错误。要想排列纹理的各个"碎片"，必须使用"UVW 展开"修改器。

（5）单击"修改"面板，给"机体"添加"UVW 展开"修改器。

2. 机翼贴图

1）左机翼顶部贴图

（1）选择机体，进入"UVW 展开"修改器的"面"子层级，如图 12-3 所示。

（2）确保"窗口/交叉"按钮处于 ⬜ （交叉）状态，然后在顶视图中框选左机翼顶部的所有面，如图 12-4 所示。

图 12-3 添加"UVW 展开"修改器

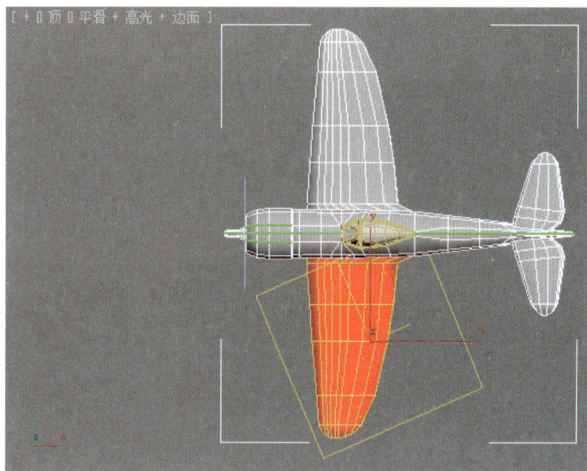

图 12-4 框选左机翼顶部的所有面

（3）在左视图中，按住 Ctrl 键并单击左机翼前缘的窄面，如图 12-5 所示。

（4）在"修改"面板的"贴图参数"卷展栏下单击"平面"按钮将其激活，再单击"对齐 Z"按钮，确保图案与世界 Z 轴对齐，如图 12-6 所示。

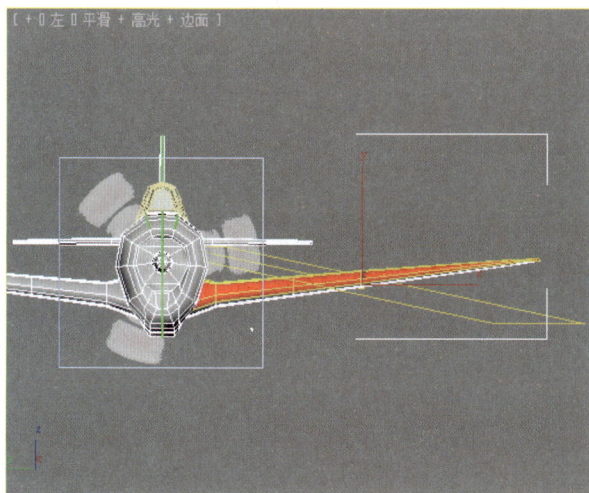

图 12-5 选择左机翼前缘的窄面

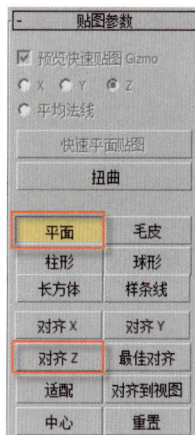

图 12-6 "贴图参数"设置

（5）再次单击"平面"按钮，取消激活。

（6）单击"参数"卷展栏下的"编辑"按钮将打开"编辑 UVW"窗口，如图 12-7 所示。

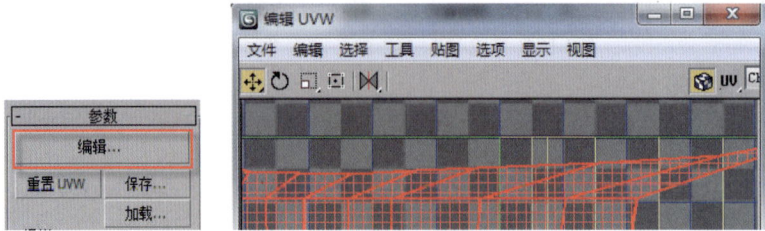

图 12-7 打开"编辑 UVW"窗口

（7）打开"编辑 UVW"对话框的工具栏右侧的下拉列表，选择 Map #8（飞机贴图.jpg），将"飞机贴图.jpg"显示为背景，如图 12-8 所示。

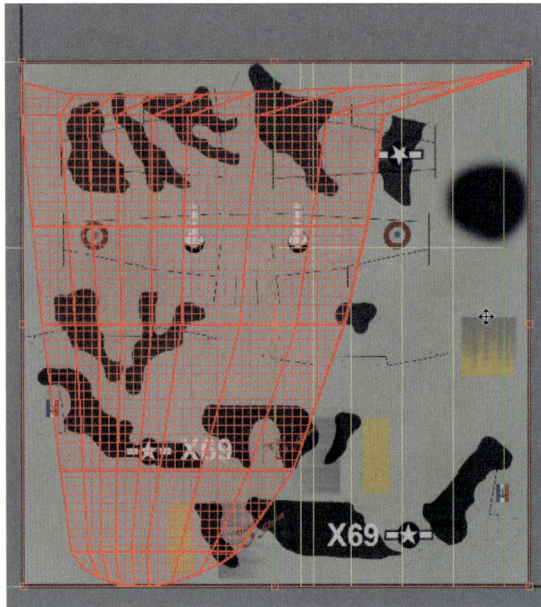

图 12-8 编辑 UVW 背景

（8）确定"选择模式"组中的 （面子对象模式）按钮被选中，如图 12-9 所示。

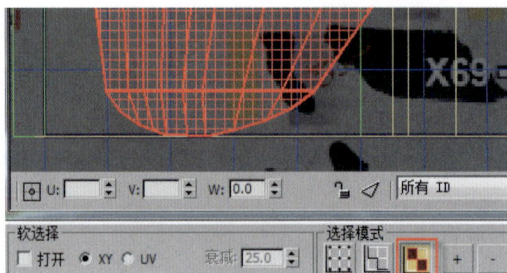

图 12-9 选择"面子对象模式"

（9）在主工具栏上单击 ▣（自由形式模式）按钮使其处于活动状态，如图 12-10 所示。

【提示】在自由形式模式下，被选择的子对象会被一个框包围。拖动框的中心可移动选择的对象，拖动一侧中央的控制柄可旋转选择的对象，拖动角点处的控制柄可缩放选择的对象，如图 12-10 所示。

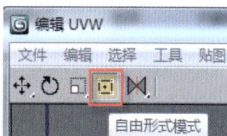

图 12-10 自由形式模式

（10）将左机翼顶部的面逆时针旋转 90°，如图 12-11 所示。

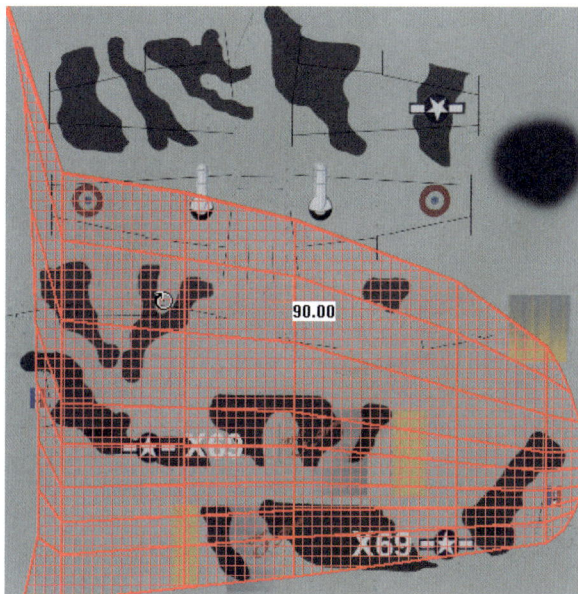

图 12-11 旋转左机翼顶部面

（11）缩小左机翼顶部的面，使其覆盖更小的纹理区域，如图 12-12 所示。

图 12-12 缩小左机翼顶部的面

（12）将左机翼顶部的面移动至纹理窗口的右上区域，然后适当缩放，如图 12-13 所示。

【提示】当调整左机翼顶部的面时，位置不需要特别精确，但要确保机翼标识的正确显示，如图 12-14 所示。

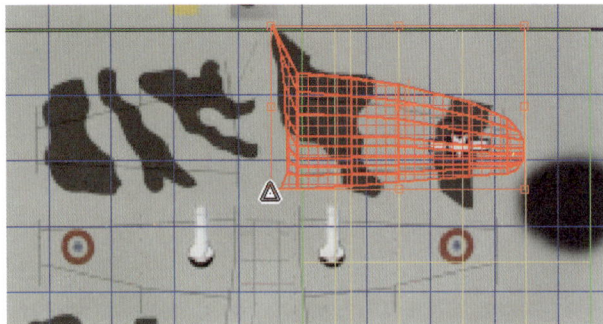

图 12-13 移动左机翼顶部的面

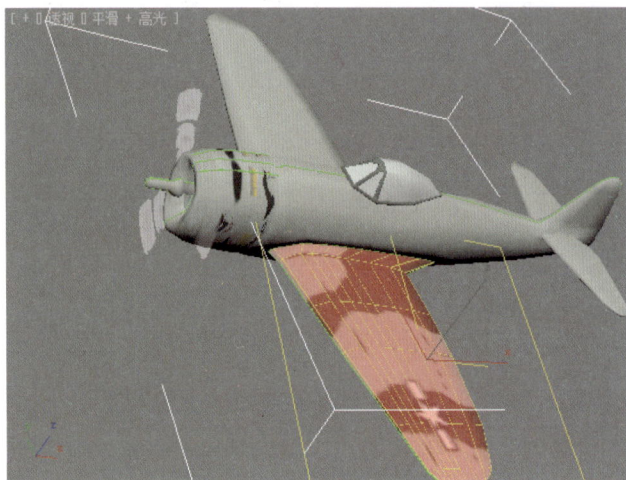

图 12-14 完成左机翼顶部贴图

2)右机翼顶部贴图

(1)选择"机体"对象,进入"UVW 展开"修改器的"面"子层级。单击"参数"卷展栏下的"编辑"按钮,打开"编辑 UVW"窗口。

(2)在主工具栏上,确保"窗口/交叉"按钮处于 ▣(交叉)状态。在顶视图框选右机翼顶部的面,在左视图按住 Ctrl 键并单击右机翼前边缘的窄面。

(3)在"修改"面板的"贴图参数"卷展栏下单击"平面"按钮将其激活,再单击"对齐Z"按钮,确保图案与世界 Z 轴对齐。再次单击"平面"按钮取消激活。

(4)在"编辑 UVW"窗口中,使用 ▣(自由形式模式)工具旋转、移动和缩放右机翼顶部的面,将这些面放置在右机翼顶部的图案上,如图 12-15 所示。

3)左、右机翼底部贴图

(1)将顶视图切换为底视图,框选右机翼底部的面。

(2)在"修改"面板的"贴图参数"卷展栏下单击"平面"按钮将其激活,再单击"对齐Z"按钮,确保图案与世界 Z 轴对齐。再次单击"平面"按钮取消激活。

(3)在"编辑 UVW"窗口中,使用 ▣(自由形式模式)工具将机翼逆时针旋转 90°,然后移动并缩放面,将这些面放置在左机翼面下方的机翼底部图案上,如图 12-16 所示。

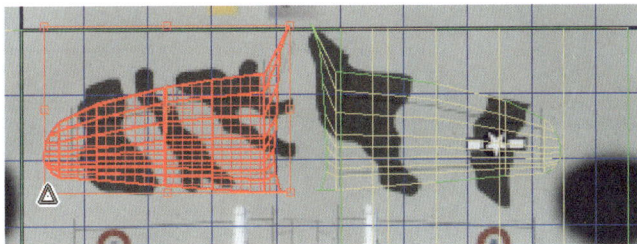

图 12-15 右机翼顶部贴图

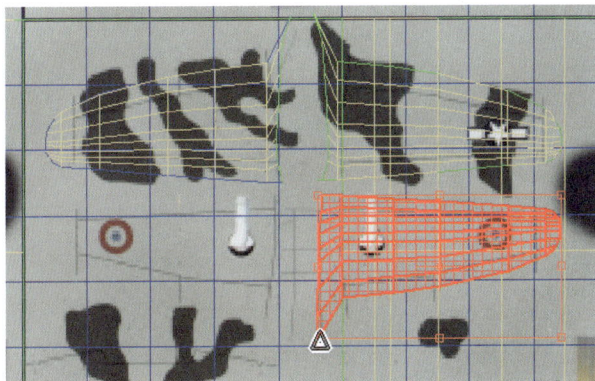

图 12-16 左机翼底部贴图

（4）对右机翼的底部重复上述步骤，将其放置到右机翼底部面的左边，如图 12-17 所示。

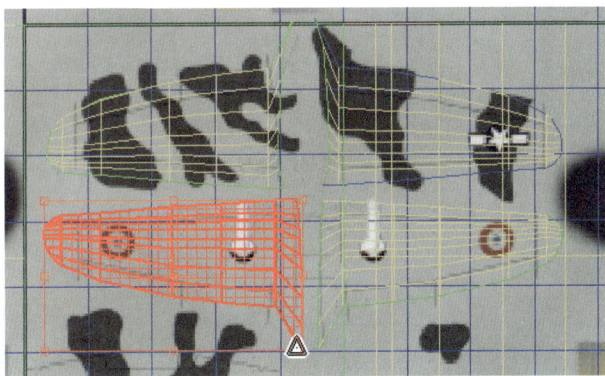

图 12-17 右机翼底部贴图

3. 水平尾翼贴图

（1）采用同样的方法分别对左、右水平尾翼的顶部和底部进行贴图。

（2）左水平尾翼顶部贴图如图 12-18 所示。

（3）右水平尾翼顶部贴图如图 12-19 所示。

（4）左水平尾翼底部贴图如图 12-20 所示。

（5）右水平尾翼底部贴图如图 12-21 所示。

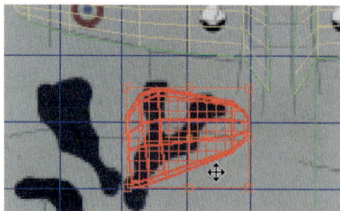

图 12-18　左水平尾翼顶部贴图

图 12-19　右水平尾翼顶部贴图

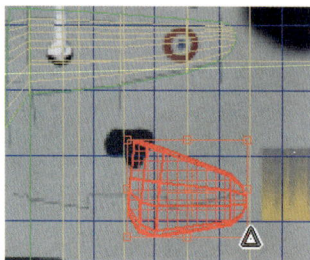

图 12-20　左水平尾翼底部贴图

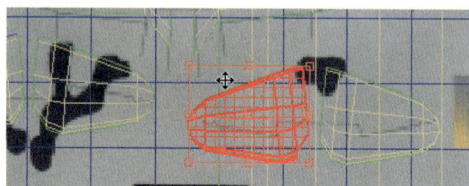

图 12-21　右水平尾翼底部贴图

4. 机身(垂直尾翼和引擎罩)贴图

(1) 选择"机体"对象,进入"UVW 展开"修改器的"面"子层级。单击"参数"卷展栏下的"编辑"按钮,打开"编辑 UVW"窗口。

(2) 选择机身的左侧面(包括垂直尾翼和引擎罩的一侧),如图 12-22 所示。

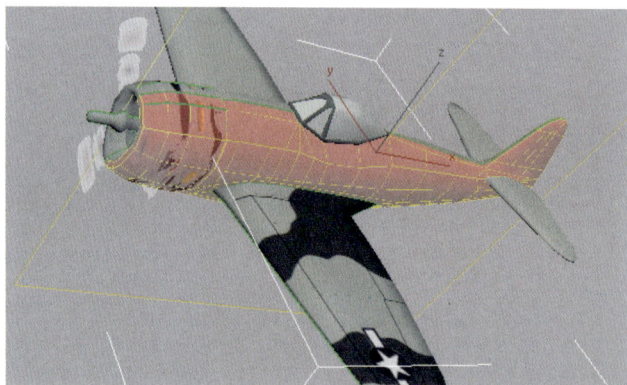

图 12-22　选择机身的左侧面

【提示】按住 Ctrl 键并单击可以添加面,按住 Alt 键并单击可以减少面。

(3) 在"修改"面板的"贴图参数"卷展栏下单击"平面"按钮将其激活,再单击"对齐Y"按钮,确保图案与世界 Y 轴对齐。再次单击"平面"按钮取消激活。

(4) 在"编辑 UVW"窗口中,使用"自由形式模式"工具将机身和尾部的面放置在右下方的图案上,如图 12-23 所示。

【提示】执行操作时,观察视图,确保标记正确定位,机首位于黄色绘制区域,而驾驶舱门被深绿色围起。

(5) 用同样的方法设置机身右侧贴图。将机身右侧面放置在机身左侧面的左上方,

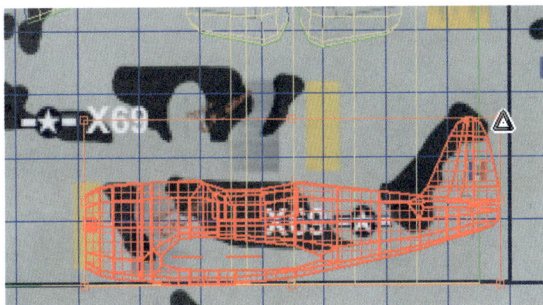

图 12-23 机身左侧贴图

如图 12-24 所示。

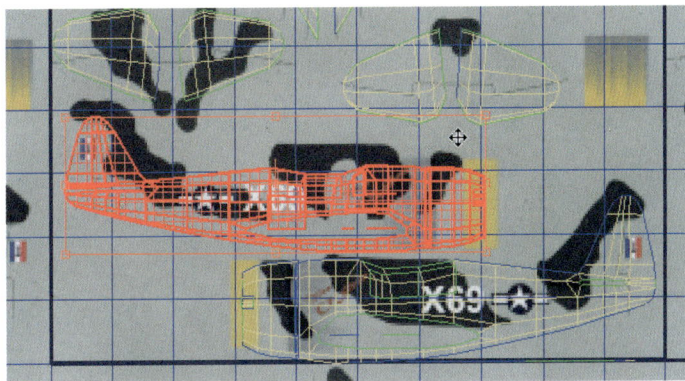

图 12-24 机身右侧面贴图

5. 螺旋桨进气口贴图

（1）在左视图中，选择螺旋桨轴周围的进气口面，如图 12-25 所示。

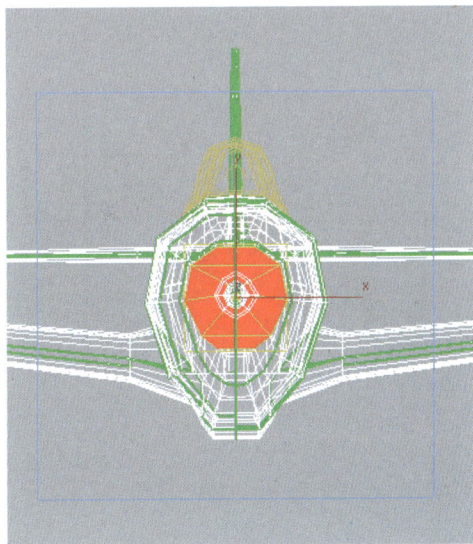

图 12-25 螺旋桨进气口面

（2）在"修改"面板的"贴图参数"卷展栏下单击"平面"按钮将其激活，再单击"对齐X"按钮，确保图案与世界 X 轴对齐。再次单击"平面"按钮取消激活。

（3）在"编辑 UVW"窗口中，使用"自由形式模式"工具设置进气口面的位置和大小，如图 12-26 所示。

6. 螺旋桨轴贴图

（1）在左视图中选择螺旋桨轴，如图 12-27 所示。

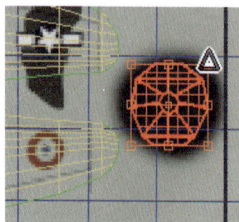

图 12-26　设置进气口面的位置和大小

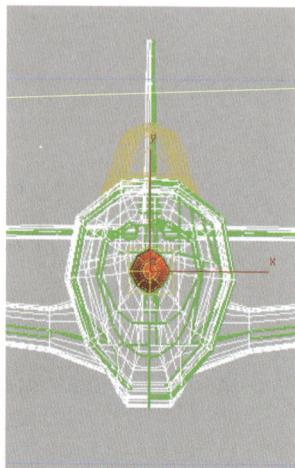

图 12-27　选择螺旋桨轴面

（2）在"修改"面板的"贴图参数"卷展栏下单击"平面"按钮将其激活，再单击"对齐Y"按钮，确保图案与世界 Y 轴对齐。再次单击"平面"按钮取消激活。

（3）在"编辑 UVW"窗口中，使用"自由形式模式"工具设置螺旋桨轴面的位置和大小，如图 12-28 所示。

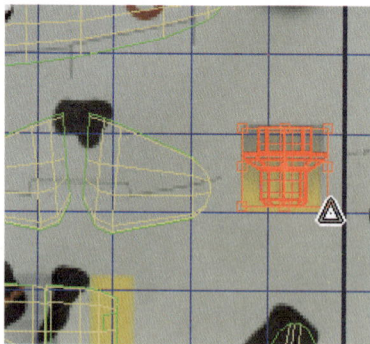

图 12-28　螺旋桨轴面的设置

（4）完成所有面的贴图，如图 12-29 所示。

（5）单击"渲染"按钮，观察完成效果图，如图 12-30 所示。

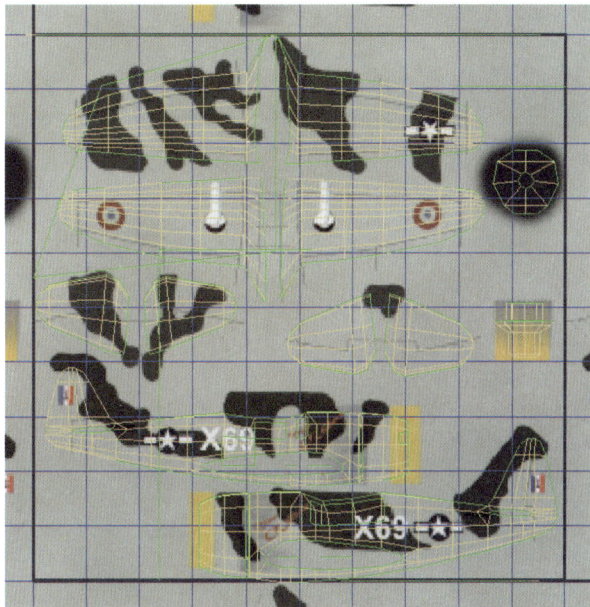

图 12-29 完成所有面的贴图

图 12-30 完成效果图

思考与练习

（1）能否通过添加"UVW 贴图"修改器完成飞机贴图？

（2）使用"UVW 展开"修改器有何作用？

（3）为什么要将飞机各部位的纹理设计在一张位图上？

（4）在飞机不同面的贴图参数的设置中，对齐轴有何不同？

（5）归纳使用"UVW 展开"修改器对复杂模型进行贴图的一般方法。

（6）对一个比较复杂的三维模型进行贴图，并撰写综合实践报告。